JN080851

# もしニーチェがイッカクだったなら？

## 動物の知能から考えた人間の愚かさ

IF NIETZSCHE WERE A NARWHAL

WHAT ANIMAL INTELLIGENCE REVEALS ABOUT HUMAN STUPIDITY

JUSTIN GREGG

ジャスティン・グレッグ　的場知之 訳

柏書房

# もしニーチェがイッカクだったなら?

## 動物の知能から考えた人間の愚かさ

僕の生涯のパートナー、伴侶、そしていちばんの共犯者であるランケ・デ・フリースに本書を捧ぐ

目次

「ただの動物にこんなふるまいは到底できない。人間だけがどうしようもなく愚かになれるのだ」

テリー・プラチェット『ピラミッド』（The Discworld Novel 7）

# 序章

フリードリヒ・ヴィルヘルム・ニーチェ（一八四四〜一九〇〇）は、立派な口ひげと、動物とのねじくれた関係で知られる。ある面で、彼は動物を哀れんだ。『反時代的考察』のなかで、ニーチェは動物について、「盲目的かつ狂信的に生きることに拘泥し、ほかに何の目的ももたず……屈折した愚かしい欲望にあふれている」[*1]と述べた。彼の考えによれば、動物は自分が何をしているのか、なぜそうしているのかを知らないまま、行きあたりばったりに生きている。しかも彼いわく、動物はヒトのように喜びや苦しみを深く経験するのに必要な知性を欠いている。[*2]ニーチェのような実存主義哲学者にとって、これは大きな痛手だ。苦痛に意味を見いだすことこそ、ニーチェの専売特許だったのだから。けれども、彼は苦悩を知らない動物たちを羨んで、こうも述べている。

牛を想像してみよう。草を食みつつ、あなたのそばを通り過ぎる牛は、昨日や今日が何を意味するかを知らない。移動し、食べ、休息し、消化し、また移動する。朝から晩まで、毎日毎日、いまこの瞬間に縛られて、快と不快だけを感じ、憂鬱に沈むことも退屈することもない。人間にとって、このようなありさまを見るのはつらい。人間である自分は動物よりもすぐれていると思いつつ、彼らの幸福を羨まずにはいられないからだ。[*3]

ニーチェは、一方では実存について思い悩む必要のない牛のように愚かでありたかったと願いながら、他方では実存について思い悩むことのできない牛を哀れんだ。このような認知的不協和から偉大な思想は生じる。かの有名な「神は死んだ」の言葉に要約されるように、ニーチェは真実と道徳の本質に懐疑を投げかけ、無意味さとニヒリズムの問題を提起することで、哲学に大きな貢献を果たした。しかし、彼の思索は途方もない代償を伴った。ニーチェの私生活は荒廃をきわめた。彼はいわば、深遠すぎる思考が文字どおり脳を壊してしまう典型例だった。

子どもの頃、ニーチェは何日も起き上がれないようなひどい頭痛に悩まされた。[*4] 学究の成果を量産していた頃には、慢性的に抑うつ、幻覚、希死念慮を経験した。一八八三年、三九歳だった彼は、自分は「狂人」であると断言した。もっとも有名な著書である『ツァラトゥストラはかく語りき』の刊行と同じ年だ。著作を次々と発表する間も、彼の精神状態は悪化の一途をたどった。一八八八年、ニーチェは友人のダビデ・フィーノが所有する、トリノ市内の小さなアパートを借りた。危うい精神状態でのたち回りながら、彼はこの年に三冊の著書を上梓した。[*5] ある夜、フィーノが鍵穴からニーチェの部屋を覗くと、彼は「素っ裸のまま、叫び、飛び跳ね、踊り回っていて、まるでディオニューソスの狂宴をひとりで演じているようだった」。[*6] 彼は一晩じゅう、ひじでピアノの鍵盤を叩いて調子っぱずれな曲を弾きながら、デタラメな歌詞を当てたワーグナーのオペラを熱唱した。彼の創造性は異次元だったが、明らかにまともではなかったし、隣人としては迷惑このうえなかった。

動物の本質への執着ぶりを考えれば、ニーチェが一頭の馬との出会いをきっかけに、とうとう精神に致命的な異常をきたし、二度と回復しなかったことにも納得がいく。一八八九年一月三日、トリノのカルロ・アルベルト広場を歩いていたニーチェは、馬車の御者が馬を鞭打つところを目撃した。ニーチェは激しく動揺し、号泣しながら駆け寄って、馬の首に抱きつき、道に倒れ込んだ。近くの新聞売り場で働いていたフィーノが彼を発見し、アパートまで送った。[*7] 哀れな哲学者は数日にわたり解離状態となり、スイスのバーゼルにある精神病院に入院させられた。彼の精神が元に戻ることはなかった。

トリノの馬が、ニーチェの不安定な精神状態にとどめを刺したのだ。[*8]

死の直前には重度の認知症に陥った、ニーチェの精神疾患の原因については、さまざまな憶測がなされてきた。梅毒の慢性感染によって脳が侵されたという説もあれば、血管疾患の一種であるCADASIL（常染色体優性脳動脈症）によって脳組織が徐々に萎縮したことで、さまざまな神経症状が引き起こされ、やがて死に至ったという説もある。[*9] 医学的な原因が何であれ、ニーチェの並外れた知性が精神疾患を悪化させたのは明らかだ。知性こそが、苦痛のなかにある意味や美や真実の追求にニーチェを駆り立て、彼を狂気に追いやったのだから。

ニーチェは頭がよすぎたせいで破滅したのだろうか？　知性を進化の観点から眺めてみれば、動物界にさまざまな形で存在する複雑な思考能力が、しばしば不利益をもたらすと考える理由はいくらでもあげられる。フリードリヒ・ヴィルヘルム・ニーチェの苦悩に満ちた人生から学ぶべき教訓が一つあるとしたら、ものごとを深く考えすぎるのは、必ずしも有益とはかぎらないということだ。

もしニーチェが、実存の本質について突き詰めて考えることのできないシンプルな動物、例えばトリノの馬や、彼が哀れみ羨んだ牛だったとしたら？　あるいは僕のお気に入りの海生哺乳類であるイッカクだったら？　実存的危機に陥るイッカクなんてばかばかしいと思うだろうが、それこそがヒトの思考のあらゆる短所と、動物の思考のあらゆる長所を理解するための鍵なのだ。ニーチェのような精神疾患に苦しむためには、イッカクは自分自身の存在を高いレベルで認識していなくてはならない。自分の命には限りがあり、そう遠くない将来のある時点で死ぬ運命にあることを知っていなくてはならない。しかし、イッカクはもちろん、ヒト以外のどんな動物に関しても、自分が死を免れないことを悟るだけの知的能力をもっていると示す証拠は、本書でこれから見ていくとおり、ほとんどないに等しい。そしてそれは、彼らにとって幸いなことなのだ。

## 知性とは何か？

ヒトが世界を理解し経験するやり方と、ほかのすべての動物たちがそうする方法との間には、不可解な断絶が存在する。僕たちの脳内で起こる現象のなかに、イッカクの脳内では起こらないものがあることに、疑問の余地はないだろう。ヒトは火星にロボットを送り込める。イッカクにはできない。ヒトは交響曲を書ける。イッカクには書けない。ヒトは死に意味を見いだせる。イッカクには無理だ。こうした奇跡を生み出すとき、僕たちの脳がしていることは、明らかに知性と呼ばれるものの成果だ。

僕たちはヒトの知性が特別であることに絶対の自信をもっている。けれども、残念ながら、知性とは何かをほんとうに理解している人はどこにもいない。もっともらしい暫定的な定義がないことを大げさに言っているわけではない。測定可能な概念として、知性というものが実在するのかどうかさえわかっていないのだ。

人工知能（ＡＩ）の分野に目を向けてみよう。その名のとおり、知性を備えたコンピューターソフトウェアやロボットの開発に取り組む分野だ。しかし、心血を注いで開発にあたっているはずの、知性と呼ばれるものの定義に関して、ＡＩ研究者たちの意見は一致していない。ＡＩ分野を牽引する五六七人の専門家を対象に最近おこなわれた調査では、ＡＩ研究者の王培（ワンペイ）による以下の知性の定義が、過半数をわずかに上回る（五八・六％）支持を得て、最良とみなされた。[*10]

> 知性の本質は、知識と資源が不十分にしか得られないなかで環境に適応していく原理にある。すなわち、知性を備えたシステムは、有限の情報処理能力に依存し、リアルタイムで稼働し、想定外のタスクに対応し、経験を通じて学習する。この暫定的な定義では、「知性」を「相対的合理性」の一種と解釈している。[*11]

言い換えれば、ＡＩ研究者の四一・四％は、この知性の定義にまったく納得していない。『人工一般知能ジャーナル』誌の特別号では、数十人の専門家が王による知性の定義にコメントした。まったく意外ではないが、エディターたちは次のように結論づけた。「読者がＡＩの定義に関するコンセンサスを期待しているとしたら、残念ながら落胆させることになる[*12]」。知性の創造に全面的に特化したこの学問分野のなかに、誰もが同意する知性の定義は存在せず、これから合意が形成される見込みもまったくないのだ。かなりばかげた状況というほかない。

一方、心理学者もよくやっているとは言いがたい。ヒトの頭脳が備えた一つの特性としての知性を定義する試みは、混乱の歴史をたどってきた。二〇世紀の英国の心理学者チャールズ・エドワード・スピアマンは、一般知能因子（*g*因子）という概念を提唱し、ある一つの心理テストで高得点をとる子どもたちが、ほかの心理テストでも成績がよい傾向にあることを説明した。[*13] 彼の理論によれば、*g*因子は一部の人がほかの人と比べてより多くもつ、ヒトの頭脳の測定可能な特性であり、SATやIQテストで明らかになるのはこうした特性だ。世界じゅうの人々にこのようなテストを受けてもらうと、文化的背景の違いにかかわらず、確かに一部の人々は、一貫してテストのあらゆる面でほかの人々を上回る。しかし、このような成績の違いがほんとうに思考を生み出す頭脳の一つの特性（すなわち*g*因子）に起因するのか、それとも*g*因子は脳内で働く膨大な数の認知機構のパフォーマンスを総体として記述するために、わたしたちが使っている代理指標にすぎないのかについては、意見の一致を見ていない。このような認知機構の一つひとつは独立に働いていて、たまたま強く相関するだけなのだろうか？　それとも、どんな認知機構にも吹きかけるだけですべてが向上する、魔法の知恵の粉のようなものが存在するのか？　答えは誰も知らない。ヒトの知性の研究の根幹は、結局のところ何の話をしているのだろうという、混乱の極致にあるのだ。

それなら、動物はどうか？　知性という概念がいかにつかみどころがないかを知りたければ、動物行動学者を捕まえて、なぜカラスはハトより賢いのか聞いてみよう。僕のような研究者はよくこんなふうに答える。「ええと、違う種の動物の知性をそうやって比較するのは間違いなんですよ」。その意味するところはこうだ。「その質問は無意味です。知性とは何か、どうすれば測定できるかを、誰も知らないので」

知性との格闘がいかに難しく、ばかげた無謀な挑戦に等しいと納得してもらうのにダメ押しが必要なら、SETI、すなわち地球外知的生命体の探索がぴったりだ。この取り組みの火付け役となったのは、一九五九年に『ネイチャー』誌に掲載された、フィリップ・モリソンとジュゼッペ・コッコーニによる論文だった。コーネル大学の研究者である彼らは、地球外文明がコミュニケーションをはかるとしたら、電波を利用する可能性がもっとも高いと論じた。これを受けて一九六〇年一一月、ウエストバージニア州グリーンバンクで学会が開催され、電波天文学者のフランク・ドレイクが、のちに「ドレイク方程式」として知られる、天の川銀河のなかに電波を生み出せるだけの知性を備えた地球外生命体がどれだけ存在するかを推定する数式を発表した。この方程式そのものが大胆な憶測(悪く言えば根拠のない当てずっぽう)の要素に満ちていた。例えば、生命が存在可能な惑星の数の平均値や、こうした惑星において知的生命体が進化する確率がそうだ。

SETIやドレイク方程式の注目すべき点は、彼らが知性とは何かを定義しようとさえしなかったことだ。知性とは何かを誰もが理解しているという前提に立っているのだ。電波を作り出せる生命体は、知性を備えているはずだ。だが、この暗黙の定義に従うなら、グリエルモ・マルコーニが一八九六年に無線通信の特許を取得するまで、人類は知性をもたなかったことになる。それに僕たちは、おそらくあと一〇〇年かそこらのうちに、無線に代えてすべてのコミュニケーションを光通信でおこなうようになり、したがって知性を失う。こんなのはばかげているし、だからこそフィリップ・モリソンは常々、「地球外知的生命体の探索」という言い回しを嫌っていた。「わたしはSETIにずっと不満を抱いている。現在の状況を正しく評価していないからだ。わたしたちに検出可能なのは知性ではない。検出の見込みがあるのはコミュニケーションだ。もちろん、それは知性を示唆するものではあるが、シグナルの検出という見方のほうが明らかに有益だ[*14]」

AI研究者、心理学者、動物認知科学者、SETI研究者の共通点は、知性を測定可能な現象とみなしつつ、確立された測定手法をもっていないことだ。誰だって見ればそれとわかる。エイリアンの電波？　うん、それは知性だ。カラスが小枝を使って丸太のなかの虫を釣ってる？　もちろん、それも知性だ。『スタートレック』のデータ少佐が愛猫のために詩を書いた？　間違いなく知性のあらわれだ。知性に対する「見ればそれとわかる」式のアプローチは、合衆国最高裁判事のポッター・スチュワートが述べた、かの有名なポルノの見分け方と同じ方法だ。[*15] 僕たちはみな、ポルノとは何かを感覚的に知っているように、知性とは何かを知っている。どちらについても、延々と定義に頭を悩ませたところで居心地の悪い思いをするだけで、だからたいていの人は手を出そうとしない。

## 知性は何の役に立つ？

知性に関する議論の核心には、定義がどうあれ、その正体がいったい何であれ、知性はよいものだという揺るぎない確信がある。退屈な年老いたサルやロボットやエイリアンにちょっと振りかけるだけで、よりよいものに変身させることのできる魔法の粉。だが、僕たちは知性の付加価値を過信していないだろうか？　もしニーチェの頭脳がもっとイッカク的で、決して逃れられない死について思考を反芻できなかったとしたら、彼が狂気に陥ることはなかったとまでは言わなくても、あれほど悲惨な状態にはならなかったかもしれない。もしそうなら、彼にとっても、ほかの人類すべてにとっても幸いだっただろう。ニーチェがイッカクとして生まれていたら、世界は第二次世界大戦やホロコーストの惨禍を経験せずにすんだかもしれない。彼自身の責任ではないとはいえ、ニーチェはこれらの史実に深くかかわったからだ。

精神疾患に陥ったニーチェは、ドイツのイエナにある精神病院で一年を過ごし、その後はナウムブルクの生家に戻されて、母フランツィスカが彼の面倒を見た。彼は依然なかば解離状態で、昼夜を問わず看護を必要とした。フランツィスカは七年にわたって献身的に息子の世話にあたり、彼女が亡くなったあとは、ニーチェの妹のエリーザベトが引き継いだ。エリーザベトはずっと兄に認められることを望んでいたが、ニーチェは生涯にわたり彼女を軽んじた。二人が子どもの頃、ニーチェは妹にリャマというあだ名をつけた。リャマはひどく「まぬけ」で頑固な動物で、ひどい扱いを受けると食事を拒み、そのまま「地面に突っ伏して死ぬ」という言い伝えが由来だったようだ。[*16]

ニーチェにとって（そして全人類にとって）不幸なことに、エリーザベトは極右ドイツ民族主義者だった。彼女は夫のベルンハルト・フェルスターとともに、一八八七年、パラグアイにヌエバ・ゲルマニア入植地の建設を企てた。そこはアーリア人種の優越を証明する輝かしい成果、新たなる父祖の地になるはずだった。フェルスターは強硬な反ユダヤ主義者で、ユダヤ人は「ドイツという肉体に巣食う寄生虫」[*17]であるとさえ主張した。だが、ヌエバ・ゲルマニアはまたたく間に崩壊した。アーリア人の初期入植者たちは、飢餓、マラリア、スナノミ感染症で命を落とした。[*18]比喩でも何でもない文字どおりの寄生虫として、スナノミは反ユダヤ主義者の体を嬉々として貪ったのだ。

入植計画の屈辱的な失敗に打ちのめされ、ベルンハルトはみずから命を絶ち、エリーザベトはドイツに戻って、弱りきった兄の介護にあたった。ニーチェは反ユダヤ主義者ではなく、それどころか反ユダヤ主義とファシズムへの軽蔑を書き残している。[*19]だが、当時の彼は反論できる状態ではなかった。エリーザベトが帰国したとき、彼は半身不随で話すことさえできなかったのだ。一九〇〇年八月に彼が亡くなると、エリーザベトは遺産をすべて相続し、自身の白人至上主義に都合のいいように、彼の哲学的著作に後付けの設定をこじつけた。

ドイツでファシズムが台頭するなか、エリーザベトは自身の地位を高めようと、ニーチェの古い草稿を漁り、『権力への意思』と題する死後の著書として刊行した。[*20] そしてファシストの友人たちに、同書は「劣等人種」の支配（そして根絶）を含む、彼らの過激思想の正当性を哲学的に裏づけるものだと説いてまわった。エリーザベトは高名なオーストリアの哲学者ルドルフ・シュタイナーの助力なしには兄の思想を理解できず、そのシュタイナーいわく「彼女の思考は一切の論理的一貫性を欠いて」[*21] いたが、それでも自身の兄を国家社会主義運動の思想面での父祖と位置づけることに関して、彼女は大成功を収めた。一九三〇年代前半にナチ党で相応の地位にあった人々にとって、ヴァイマールにあるニーチェ文書館は巡礼地の一つだった。エリーザベトが兄の著作の権威づけのために設立した同施設には、彼女が捏造した文書も所蔵された。[*22] 一九三五年に亡くなるまでに、エリーザベトはナチス政権から高く評価され、彼女の葬儀にはアドルフ・ヒトラーさえも参列した。

あらゆる観点からみて、ニーチェの哲学思想はナチ党の結成と成功の根幹をなし、ホロコーストの正当化に一役買った。ニーチェ自身は反ユダヤ主義を軽蔑し、もし生きていればナチ党を嫌悪したはずだし、[*23] 人々に「反ユダヤ主義をわめきちらす者たちを国から一掃すべき」だと説いたのだから、[*24] 皮肉なものだ。普仏戦争に衛生兵として従軍したニーチェは、戦争の残虐性を目の当たりにし、深い内面的影響を受けた。彼は暴力を嫌った。ナチスのような好戦的愛国主義の政治団体が好んで利用した国家主導の暴力を、彼は断固として拒絶したはずだ。「ハンマーをもって哲学せよ」[*25]と主張したニーチェだが、彼自身はじつに親切で、礼儀正しく、穏やかな人物として知られた。[*26]意外でも何でもない。なにしろ彼は、鞭打たれる馬を見て、完全に精神を病んでしまった人なのだから。

そしてここから、ヒトの知性の最大の欠点が浮かび上がる。人類はその知性を活かして、宇宙の神秘を解き明かし、脆くはかない生命を前提とした哲学理論を築きあげることができるし、実際にそうしてきた。一方で人類には、こうした秘密を悪用して死と破壊を引き起こし、哲学をねじ曲げて残虐行為を正当化することも可能であり、それは歴史が証明している。世界がどんなふうにできているかを理解すれば、世界を破壊する方法もわかる。ヒトにはジェノサイドを正当化する能力と、それを実行するだけの科学技術力が備わっている。エリーザベト・フェルスター＝ニーチェは、人類の偉大な知性の産物である兄の哲学論考を利用して、一つの世界観の正当性を訴え、結果的に六〇〇万人のユダヤ人を死に追いやった。[*27]これに関して、ヒトとイッカクはまるで比べものにならない。イッカクはガス室をつくらないのだから。

## 究極のマクガフィン

知性は生物学的な事実ではない。ヒトの知性や行動がすべての動物のなかで例外であるという考えに、科学的根拠はまったくない。僕たちは直感的に、知性は実在し、すばらしいものだと考えがちだ。けれども、ヒト以外の動物たちがこの地球上で生き抜いているありとあらゆる方法、生態学的課題を解決するのに彼らが用いる途方もない妙技を目の当たりにすると、知性に関する僕たちの思い込みはどちらも揺らいでくる。知性は究極のマクガフィンだ。ヒトや動物やロボットの頭脳を研究する僕たちは、この概念を追い求め、そのせいで自然界の現実を見失う。実際には、知性と呼ばれる単一の概念に抽象化できるような生物学的形質に対して、自然淘汰が作用したことは一度もない。それに、ヒトの知性や技術が生み出した成果は、多くの種と共通するさまざまな認知特性の組み合わせを基盤としたものであり、僕たちが望むほど重要でも特別でもない。地球はすばらしい生を送るための解決策を編み出した無数の動物種であふれていて、人類は彼らの足元にも及ばない。

この本では、知性の問題を取り上げ、知性はよいものか悪いものかを考察する。ほとんどの人は、言葉の意味をどうとらえるにせよ、知性は本質的によいものだと思っている。僕たちはいつも世界と、そこに棲むヒト以外の動物たちの価値を、ご自慢の偉大なる知性というプリズムを通して眺めてきた。けれども、「僕たち人類は特別だ」と叫ぶその声をどうにか抑え込んで、ほかの種が僕たちに語りかけるストーリーに耳を傾けてみたら？　ヒトだけが獲得したとされるこの特性は、ときに進化的観点からみて、ずいぶんお粗末な解決策でしかないことを、そろそろ認めたらどうだろう？　そうすれば世界はひっくり返る。頭が足りないとされてきた、牛や馬やイッカクのような動物たちが、とたんに天才に思えてくる。動物界には、生存という課題をエレガントに解決してきた、美しくシンプルな頭脳が満ちあふれていることに、突如として気づかされるのだ。

ヒトの知性は果たしてよいものなのか？　ニーチェと同じくらい、僕もこの難問に悩まされてきた。ここからの答えを探す旅に、どうかお付き合い願いたい。

# 第1章●「なぜ」のスペシャリスト
## ――帽子と賭けとニワトリの尻

やがて人間は、ほかのどの動物よりも一つだけ多く生存の条件を満たさなければ存続できない、すばらしき動物となった。人間は折に触れ、なぜ自分が存在するのかについて、信念や確信をもたずにはいられないのだ。

——ニーチェ[*1]

マイク・マカスキルは株式市場での必勝法を学ぶのに二〇年を費やした。だが、ついにそれを会得したとき、彼は大成功を収めた。

マイクは最初、手堅くペニーストック〔訳注：一株がおおむね五ドル未満で取引される小規模な上場企業株〕から始めた。両親が経営する家具店で働きつつの趣味の投資だった。[*2] 二〇〇七年に家具店が廃業すると、彼は趣味を仕事にしようと決めた。車を売って一万ドルを捻出し、それを投資口座につぎ込んだ。その後の二年間、市場は乱高下し、サブプライムローン危機によってS&P500の価値総額が半減する一方、マイクのようなデイトレーダーは活気づいた。彼は市場のゆくえという謎の解明にのめり込んだ。マイクの予想では、オバマ大統領の就任後まもなく市場は反発するはずだった。そこで彼は、ペニーストックで蓄えた数十万ドルをまとめて普通株に賭けた。

だが、彼は間違っていた。

オバマ大統領が就任した二〇〇九年一月二〇日を過ぎても、ダウ平均株価は下落し続け、三月五日にはついに世界金融危機における底値の六五九四・四四ポイントに至った。過去最高だった二〇〇七年一〇月の一四一六四・四三ポイントと比較して五〇%の下落であり、一九二九年の世界恐慌の際の暴落まであとたった三%だった。マイクの目の前は真っ暗で、投資口座はすっからかんだった。

それでもマイクは気を取り直し、数百ドルをかき集めて投資口座に入金すると、今度は市場が落ち込むほど利益が得られるように戦略を切り替えた。つまり、空売りに手を出したのだ。いったん株を借り、のちに買い戻すことを前提に売りに出して、買い戻した株を貸主に返すという、きわめてハイリスクな戦略だ。株価が下がれば再販によって利益が得られるが、株価が上がった場合、高値で買い戻すしかないので膨大な損失を被る。マイケル・バリーやマーク・バウムといった投資家たちが、二〇〇七年に住宅市場の急落を予想してこの作戦に打って出た顛末は、『マネー・ショート　華麗なる大逆転』として映画化された。当時、住宅市場は米国の金融商品のなかでもっとも安全とみなされていたので、値下がりに賭けるのは無謀で愚かだと思われた。もちろん知ってのとおり、彼らの読みは的中し、莫大な利益を手にする。だが、マイクの読みは外れた。米国政府が七〇〇〇億ドルを投じた不良資産買い取りプログラムが功を奏し、四月上旬には市場は上向いた。そして市場の崩壊に賭けたマイクは、またしてもすべてを失った。

失意のなか、マイクはフルタイムの投資家を辞めた。それから一〇年はケンタッキー州ルイヴィルのスポーツ施設に勤め、バレーボールとゴルフのプログラム責任者を任された。とはいえ株から完全に足を洗ったわけではなく、あわよくばミリオネアにと万馬券的な買いを続けていた。そんなとき、彼はゲームストップを見つけた。

時は二〇二〇年夏、ゲームストップは苦境にあえいでいた。ゲームのデジタル販売が主流化するなか、実店舗ゲームソフト販売店である同社は操業を続けるのがやっとだった。だいたいいまどき、誰がわざわざショッピングモールに行って、ゲームストップのような店で欲しいゲームを探すだろう？　アマゾンで注文するか、プレイステーションに直接ダウンロードすればすむのに。投資会社ウェドブッシュ・セキュリティーズでゲーム・デジタルメディア・電化製品アナリストを務めるマイケル・パクターに言わせれば、ゲームストップは溶けかかった氷だった。「いずれ消えてなくなるのは確実だ」と、彼は二〇二〇年一月に『ビジネス・インサイダー』誌に語り、一〇年以内に終焉を迎えると予測した。[*3]　空売りを得意とするシトロン・リサーチの著名投資家アンドリュー・レフトは、ゲームストップを「没落の一途をたどるモール小売店」[*4]と切り捨て、彼を始め大勢の投資家が空売りに殺到した。二〇〇九年のマイクや、二〇〇七年に住宅市場の下落に賭けたひと握りの人々のように、投資のプロである彼らは、間近に迫ったゲームストップの崩壊から利益をあげようとしたのだ。少なくとも、理屈のうえでは筋が通っていた。

けれども、マイクはゲームストップが破産寸前とは思わなかった。彼は真逆を予想した。ゲームストップは健全な企業だと考えただけでなく、ヘッジファンドマネージャーがこぞって空売りに興じる状況では、かえって株価が急騰する「ショートスクイズ」と呼ばれる現象が起こりうると気づいたのだ。株価が上がり始めると、空売りをしている投資家たちはいち早く株を精算して損切りを試みる。このように大量の買い戻しが起こると、株価はさらに急速に上昇する。こうして空売り投資家は自縄自縛に陥る一方、ただ同然で株を買った賢明な人々は莫大な利益を手にするのだ。

ショートスクイズは近いと、マイクの直感は告げていた。彼はストックオプションの購入を開始した。これにより、株価が一定価格に達した時点で彼は株を購入できる。しかし株価はすぐには上がらず、オプションは期限切れになって、マイクの投資口座は残高ゼロを何度も繰り返した。そこへ二〇二〇年末、マイクは別のある株（バイオナノ・ゲノミクス）で大きな利益をあげ、獲得した資金をすべてゲームストップにつぎ込んだ。するとまもなく、二〇二一年一月にショートスクイズが始まった。ありえないような混沌としたできごとが続けざまに起こり、ゲームストップ株の市場価値は急騰した。きっかけの一つが、掲示板型ソーシャルサイトRedditのコミュニティの一つ、wallstreetbetsに集う数百万人の人々の参戦だ。彼らはゲームストップに過剰な売りポジションが集まっている状況を察知し、連携して一斉に買い注文をかけた。この作戦により、斜陽企業の終焉を冷酷に予想していたアンドリュー・レフトら投資家たちが、Redditユーザーの目の前で大損を被ったのはご想像のとおり。大成功だった。ゲームストップの株価はありえないほど高騰し、一躍話題をさらった。マイクが買い始めたときは四ドルだったのが、一月二七日には三四七・五一ドルになっていた。マイクは株を売却し……二五〇〇万ドルを手にした。

ここから何を学べるだろう？　株式市場のしくみを理解し、値上がりと値下がりがいつ、なぜ起こるのかを正しく予測するには、並外れた知性と長年の経験が必要？　そんなはずはない。マイクには、wallstreetbetsの義勇軍がゲームストップをめぐって空前の人為的ショートスクイズを計画していることや、彼らにそんなことが可能であることなど、まったく知る由もなかった。マイクの直感に魔法のような予知能力が備わっていたわけでもない。それどころか、すでに見たとおり、株式市場での勝負に関する彼の直感は間違っていたことのほうが多かった。ゲームストップの一件で、彼はただラッキーだっただけだ。

運にまつわる似たような話をもう一つ。今度の主人公は意外だ。二〇一二年、英国の日曜紙『オブザーバー』がとあるコンテストを開催した。出場チームは三つ。幼稚園児のグループ、プロの投資マネージャー三人組、そしてネコのオーランドだ。[*5]各チームは最初に五〇〇〇ポンドを与えられ、FTSEオールシェア株式指数に含まれる株に投資し、三カ月ごとに投資銘柄を変更した。一年後に投資口座の残高がもっとも多かったチームが優勝だ。オーランドがどの銘柄に投資するかは、銘柄コードを書いた格子状の表を作り、おもちゃのネズミをどこに落とすかで決めた。一年間の投資の結果、子どもたちは損失を計上し、残高は四八六〇ポンドに減っていた。投資マネージャーチームの残高は五一七六ポンド。優勝したのはオーランドで、彼の残高は五五四二ポンドだった。

子どもたちや投資マネージャーと違って、ネコは自分が何をしているかを一切知らなかった。トークンと報酬の交換を学習できる、つまり本来は無価値な物体に恣意的な価値を付与することのできる動物もいるが、「貨幣」や「株式市場」といった抽象的概念は、ホモ・サピエンスの脳内にしか存在し得ない。オーランドの投資戦略は要するに、研究チームが考案した、仮説を証明するのに必要なランダムな銘柄選びの冴えたやり方でしかない。すなわち、株式市場の投資家たちがダーツ投げで銘柄を選んでも、成績は変わらないという仮説だ。どの株が上がるかの予測は、結局のところ壮大なギャンブルなのだ。

オーランドのことが頭にあった僕は、マイク・マカスキルが自身の銘柄選びの目利き能力をどう考えているのかに興味をもった。そこで二〇二一年三月、マイクに直接電話で聞いてみた。僕は彼に、ヒトと動物の知性についての本を書いていることや、オーランドと投資マネージャーの勝負の顛末を話し、株式市場では知識よりも運のほうがはるかに重要なように思えると私見を述べた。驚いたことに、二〇年も株式投資を学び、ついこの間二五〇〇万ドルを稼いだばかりのマイク・マカスキルは、こう答えた。

「同感だよ。一〇〇％完全に運だね」

確かに、マイクはゲームストップについて調べ、ショートスクイズは間近だと推測した。だが、アンドリュー・レフトはマイクと同じくらい、スクイズは起こらないと確信していた。間違っていたのはレフトだった。二〇二〇年の時点で、マイケル・パクターはゲームストップについて、もってあと一〇年だと信じていた。しかし二〇二一年三月には考えを変え、ゲームストップは「まだまだ続く」[*6]と語った。

当然ながら、二つの予測のどちらかは間違いだ。wallstreetbets のユーザーたちは、ゲームストップが確実にショートスクイズに向かっていると考え、これについては正しかった。だが、彼らはスクイズが一月二七日の三四七・五一ドルのピークのあとも続くと考え、株をもち続けるよう互いに呼びかけた。こちらは間違いだった。ゲームストップ株は再び暴落し、マイクが株を精算してミリオネアになった数日後には五〇ドルを切った。マイクはここでもラッキーだったのだ。彼は Reddit ユーザーたちと同じく、株価は上がり続けるはずだし、一〇〇〇ドルを突破する可能性さえあると考えていた。けれども、ふとした思いつきで、二五〇〇万ドルも利益をあげれば十分だと判断し、ドンピシャのタイミングで株を売り払った。マイクの一攫千金の物語は、思いがけない偶然が積み重なった結果なのだ。

「人間の本性は秩序を好む」と、経済学者のバートン・マルキールは名著『ウォール街のランダム・ウォーカー』で述べた。「人々にとってランダム性という概念は受け入れがたいものだ」。マルキールは、株式市場にある個々の銘柄の変動は本質的にランダムだという考えを広めた。ある銘柄が好調あるいは不調である理由を知ることは不可能なのだ。投資で安定して利益をあげる人は、株、債券、年金など、さまざまな金融商品を組み合わせた多様なポートフォリオを保有し、リスクを分散させている。一般原則として、長期的にみれば、市場の価値はいずれ上昇するものだからだ。個々の銘柄を選んだり、特定のトレンドの発生に賭けたりするのは、科学というよりギャンブルに近い。したがって、デイトレーダーと同じくらい、ネコにもウォール街で大儲けできる可能性があるのは、驚きでも何でもないのだ。

マイク・マカスキルの投資家としてのキャリアは、一つのシンプルな問いに集約される。なぜ株価は上がるのか？　こんなふうに理由を知らずにはいられないことこそ、マイク（そして全人類）とヒト以外の動物の違いだ。そして、マイクの逸話から得られる最大の発見もここにある。ヒトの子どもは言葉を学び始めたとたん、「どうして？」の質問攻めをし始める。「どうしてネコはしゃべれないの？」と、娘に聞かれたことがある。いい質問だ。僕が研究者人生のすべてを費やして、答えを探し求めている問いでもある。歳を重ねても、僕たちは決して理由を問い続けるのをやめない。なぜいまだに地球外生命体の存在証拠が見つからないのだろう？　なぜヒトは殺人を犯すのだろう？　なぜヒトは死ぬのか？　ヒトは地球上で唯一の「なぜ」のスペシャリストだ。人類とほかの動物の思考様式を隔てる、いくつかの認知特性の一つがこれなのだ。

だからといって、因果関係を知りたいという底なしの欲求は、必ずしも僕たちの強みとは言えない。マイクの株式投資の話からわかるように、理由を追求したからといって、彼やヘッジファンドマネージャー、あるいはほかの誰かが株価を正確に予測できたわけではない。株価がなぜ変動するのかなど知る由もないまま、ネコのオーランドの意思決定システムは同様の結果を生み出した。しかも、これは株価に限った話ではない。この世界には、いつも効果的で有益な意思決定をおこなう動物たちがいくらでもいて、そのほぼすべてが、世界はなぜこんなしくみになっているのかなど気にもとめていない。この章でおいおい取り上げるが、ヒトであること、「なぜ」のスペシャリストであることには明らかな利点がある。だが、種の壁を超えて、長期的なスパンで意思決定について考えてみると、一つの不穏な問いが浮かぶ。「なぜ」を問うことに、生物学的優位性はあるのだろうか？　答えはイエスに決まっていると思うかもしれないが、僕はそうは思わない。この問いに答えるのに役立ちそうな、一つの事実を紹介しよう。ヒトは確かにものごとの因果関係を深く理解することができるけれど、僕たちは地球上に誕生してから最初の二五万年の間、ほとんどこの能力を使ってこなかったのだ。進化的観点から見て「なぜ」にどれだけの価値があるのかを考えるうえで、これは重要な手がかりだ。

## 「なぜ」の起源

熱気球に乗っているところを想像してほしい。僕たちはいま、ケニア西部のバリンゴ湖を見下ろす、なだらかな丘陵地の鬱蒼とした森林の上をゆっくりと飛んでいる。というか、のちにケニアと呼ばれることになる地域、と言うべきだろう。この熱気球はタイムトラベル機能つきで、僕たちは二四万年前の中期更新世（現在はチバニアン期と改称された）に転送されたのだから。チバニアン期のこの地域は現在よりもずっと湿潤で、なかでもバリンゴ湖周辺は、一帯でもっとも緑豊かで生物生産性が高かった。盆地の上空数百メートルのここからは、地上の動きを逐一観察できる。夕陽が沈むなか、林縁へと歩みを進める二種の動物のグループに目がとまる。

片方のグループの正体はすぐにわかる。チンパンジーだ。子どもを連れた数頭のメスたちと、先導する大柄なオスたち。夜が近づくなか、今夜の寝床を作る樹を探しているようだ。もう片方のグループはさらにおなじみだ。現生人類、またの名をホモ・サピエンスのこの集団も、頭数ではチンパンジーと同じくらい。それどころか、両者はほぼすべての面でそっくりだ。子どもを連れた複数の女性たちと、警戒しつつ森へと進む男性たちは、やはり野営地を探している。ヒトとチンパンジーはいずれも、七〇〇万年前にアフリカをうろついていた共通祖先である類人猿、サヘラントロプス・チャデンシスの子孫だ。素人目には、西アフリカに棲んでいたこの太古のご先祖様も、チンパンジーのように見えただろう。彼らの子孫はやがて袂（たもと）を分かち、片方は現代のチンパンジーへ、もう片方はヒトとその親戚（アウストラロピテクスやホモ・エレクトゥスなど）へと進化する。自然史博物館や教科書でたびたび見かけ、無数のパロディやミームの元祖となった、おなじみの「人類の起源」のラインナップだ。このときまでにアフリカで七〇〇万年をともに過ごしてきたチンパンジーと人類は、いまだにきわめてよく似た生活を送っていて、彼らの生活環境は共通祖先である大昔の類人猿とほとんど同じだった。人類とチンパンジーが東アフリカ大地溝帯のこの地域で二四万年前に共存していたことは、化石記録からわかっている。[*7]

タイムトラベル熱気球の行き先をこの時代のこの地域に定めたのは、科学者たちが現生人類とみなす動物が最初に現れた時と場所だからだ。[*8] 彼らは身体的にも認知的にも、あらゆる観点からみて僕たちとほぼ同じだった。[*9] にもかかわらず、彼らのライフスタイルに、二一世紀の僕たちの生活に似た要素は何一つなかった。樹上で眠る隣人のチンパンジーと同じように、初期現生人類もまた湖畔をうろつき、ベリーや動物の死体を探した。彼らはおそらく裸で、現代のわたしたちと違って、ジュエリーや衣服、あるいは芸術や記号と結びついたどんな装飾品も身につけていなかった。ただし、裸のおかげで、彼らの姿かたちにはチンパンジーとの重要な違いがいくつか見いだせる。毛包が少なく、肌がより裸出しているおかげで、汗がより短時間で蒸発し、灼熱の陽射しの下でも体のオーバーヒートを防ぐことができる。また、ヒトは脚が長く、下肢の筋肉量が相対的に多い。これもまた歩行時間の長いライフスタイルへの適応だ。[*10] それにもちろん、頭部にもご注目。ヒトとチンパンジーの頭部の前半分（つまり顔）はかなり似ているが、例外的にはっきり違うのがおとがい（下顎の先端）だ。ヒトにはおとがいがあるが、チンパンジーにはない。奇妙なことに、ホモ・サピエンスが出現するまで、ヒト科のどの種でもおとがいの進化は起こらなかった。そして驚くべきことに、なぜ僕たちにはおとがいがあるのか、科学者たちはいまだ明確な答えを見つけ出せていない。[*11] それはともかく、ほんとうに目を見張るような違いは頭の後ろ半分にある。ヒトの頭部は丸っこく、ぱんぱんに膨らんだ水風船のようだ。頭蓋内の空間がより広く、そこに脳組織がぎっしり詰まっている。容量はチンパンジーの三倍だ。

ヒトに特有の行動形質も見てとれる。簡素な石器をもっていて、これらを使ってゾウの死体から肉を切り分ける。子どもが乾いた丸太のくぼみに棒をさして回転させ、調理用の火をおこそうとしている。それを手伝う年配の女性は、紛うことなきヒトの音声言語を発して、子どもにやり方を教えている。[*12] 一方、チンパンジーはおおむね無口で、道具といえば（鋭利な握斧ではなく）堅果を砕く石だけだし、もちろん火をおこすこともない。彼らはこうしたものを作り出すだけの頭脳を備えていないのだ。現在に至るまで、火や握斧を作り出すことは、いまだに彼らの認知能力を超えたところにある。

火や石器といったブレイクスルーを生み出すほど認知能力に明確な差があったにもかかわらず、初期現生人類とチンパンジーは、チバニアン期の大部分を通じてかなり似通った動物のままだった。約一二万六〇〇〇年前のチバニアン期の終わり頃、人類はかの有名な出アフリカの旅路に踏み出す。長く筋質な脚でヨーロッパへと進出し、そこでネアンデルタール人とデニソワ人に出会う。いずれも二〇〇万年以上前にアフリカを離れた共通祖先から分岐し、アジアとヨーロッパで進化してきた別種の人類だ。現生人類と同じく、彼らも火を使い、槍や石器を作り、おそらくある程度の言語能力があった。現生人類はこの二種と交配しつつ競合し、やがて彼らは僕たちのDNAのなかに痕跡だけを残して姿を消す。そして、僕たちのバリンゴ湖への時空旅行から約二〇〇万年後、ヒトの祖先はいくつかの重要な「なぜ」の問いを立てるようになった。ゆくゆくはこの星の征服に至る、このような問いの最初期の証拠は、洞窟壁画という形で残された。

約四万三九〇〇年前、インドネシアのスラウェシ島に住んでいた現生人類の一集団が、島の南西端にある洞窟に足を踏み入れ、壁画を描き始めた。赤い塗料を使い、彼らは一連の狩りの場面を再現した。縄と槍をもってイノシシを追う人々。だが、壁画に描かれた人々には、奇妙な特徴があった。頭が動物のものだったのだ。こうした半人半獣のキャラクターは獣人（therianthrope、ギリシャ語で獣を意味する theri /*θήρ* と人間を意味する anthropos /*ἄνθρωπος* の合成語）と呼ばれる。数千年後、ヨーロッパにいた祖先のなかの誰かが、ライオン人間の石像を彫った。ライオンの頭をもつ人間をかたどった石灰石の獣人像で、ドイツのバーデン゠ヴュルテンベルク近郊にある、ホーレンシュタイン゠シュターデル洞窟で発見された。

四万年前、僕たち人類の祖先が獣人という形で芸術を生み出すことに時間を費やした理由は、たった一つしか考えられない。これらは何かの象徴だったのだ。過去数千年の芸術作品に登場する獣人は、たいてい宗教上の象徴と関連がある。ホルス（ハヤブサの頭をもつ古代エジプトの神）、ルシファー（キリスト教の宗教画でしばしば半人半ヤギとして描かれる）、ガネーシャ（ゾウの頭をもつヒンドゥー教の神）。スラウェシ島の獣人は、「わたしたちが超自然的存在を想像する力を獲得したことを示す世界最古の証拠」だと、壁画を発見した研究チームを率いたアダム・ブラム博士は二〇一七年に『ニューヨーク・タイムズ』に語っている。[*13] 超自然的存在とは何だろう？　ヒトがもっていないような知識や能力を備えた生きもののことだ。獣人は魂の導き手であり、人々に助けや答えや忠告を授ける存在だったと考える専門家もいる。[*14] この説は、わたしたちの祖先が超自然的な答えを必要とする疑問を抱いていたことが前提となっている。こうした疑問としてまっさきに思い浮かぶのは、すべての宗教の基盤をなす問いだ。この世界はなぜ存在するのか？　僕たちはなぜここにいるのか？　なぜ僕たちは死を免れないのか？　古代の獣人は、僕たちの祖先の頭のなかに「なぜ」のスペシャリストならではの疑問が飛び交っていたことを示す、もっとも有力な証拠なのだ。

最初の獣人像が彫られてからまもなく、考古学記録に新たな技術の証拠が出現し始める。例えば帽子だ。人類が帽子を着用した最初の証拠は、二万五〇〇〇年前の「ヴィレンドルフのヴィーナス」像で、この石灰石の女性像はビーズのついた頭部装飾をまとっている。もちろん、古代の遺物のうちどれが出土するかは運任せではあるけれど、人類が超自然的存在を想像した証拠が、人類が帽子をかぶった証拠よりも古いという事実には笑ってしまう。僕たちの祖先は、自分がなぜ死ぬのかという問題を、どうして雨が降ると頭が濡れるのかという問題よりも深刻にとらえていたことになるからだ。

獣人と帽子よりも時代が下ると、因果関係理解に基づいてものづくりをする人類の能力が本格的に開花する。考古学的証拠によれば、約二万三〇〇〇年前、現在のイスラエルに住んでいた現生人類の小集団は、野生の大麦とオーツ麦を小区画の農地で栽培し始めた。[*15] 種子が発芽する原因や、生育期間を通じてどのように世話すべきかを理解したことは、とてつもない収穫となった。自分の食べるものを正確にコントロールできるようになったのだ。これはまぎれもなく、植物の生態を深く知り、因果関係を理解したことの直接的な結果だ。また、重力のような概念を素朴な形ながらも把握したことで、古代ローマ人は巨大な水道橋を建設し、途方もない距離を超えて水を運び、さらには下から上に汲み上げた。僕たちは川を眺め、なぜ水は流れるのだろうという驚くべき疑問に思いを馳せ、その答えを応用して古代都市を建設したのだ。

「なぜ」の疑問は、人類のもっとも偉大な発見のすべてに通底する。なぜあの星は、毎年春になると同じ場所に現れるのか？　天文学の誕生だ。どうして牛乳を飲むたびお腹を壊すのか？　ルイ・パストゥールは来る日も来る日もこの疑問に頭を悩ませ、ついに低温殺菌の手法を生み出した。なぜ絨毯の上を裸足ですり足で歩くと髪が逆立つのか？　僕たちはもう、それは「電気」と呼ばれる現象の結果だと知っている。なぜ植物や動物にはこれほど多くの種類があるのか？　チャールズ・ダーウィンはこの疑問にすぐれた答え（すなわち進化）を導き出した。僕たちがヒトの知性の特殊性の例として、そしてヒトの行動がほかのすべての動物のそれとはかけ離れている例として持ち出すものはすべて、元をたどれば、このたった一つの能力に行き着く。ヒトの知性というきらびやかな傘の下に隠れるもののなかで、因果関係の理解こそが、ほかのすべての源泉なのだ。

これらはいずれ劣らぬ輝かしい成果だし、実際に「なぜ」へと特殊化し始めてから、僕たちの物語は、科学と芸術とその間に収まるすべての偉大な成果でいっぱいになった。けれども、だからこそこう問わずにはいられない。なぜ始まるのにそんなに長い時間が必要だったのだろう？　なぜ僕たちは二〇万年もの間、このような活動をしなかったのだろう？

答えは至ってシンプルだ。僕たちの直感に反して、「なぜ」のスペシャリストであることは、単純にたいして有利ではなかったからだ。いかにも重要そうに思えるけれど、その感覚はヒトのバイアスが働いた結果にすぎない。進化の観点からみれば、まったく特別なことではなかったのだ。実際、過去二〇万年間の僕たち自身も含めて、すべての動物は、理由をまったく意に介さないまま、何の問題もなく生きてきた。そろそろ因果関係理解の相対的な重要性を考えなおそう。多大な恩恵（例えば低温殺菌牛乳）をもたらしたことに疑問の余地はないけれど、それはまた、迫りくる僕たちの絶滅の原因になる可能性もきわめて高い。だが、終焉への隘路をたどる前に、まずはヒトが「なぜ」のスペシャリストとしてものごとを考えるやり方が、ほかの動物のそれとどんなふうに違っているのかを見ておこう。

## 茂みの裏のクマ

去年の秋、友人のアンドレアと彼女の愛犬ルーシーと一緒に、黄色く色づき始めたカエデの葉を見上げながら森を散歩していたときのことだ。突然、森の静寂を破って、ドスッという低い音が足元の地面に響き渡った。僕たちはその場で凍りつき、近くにクマが潜んでいるのではないかと怯えた。僕はあたりを調べてみた。見つかったのはクマではなくて枯木の大枝で、斜面をしばらく転がったあと、ハンノキの根元にぶつかって止まったようだった。僕たち二人と一匹を驚かせた音の正体だ。

動物たちは何千万年にもわたってこんなできごとを経験してきた。動物が突然の物音を聞き、その意味を理解し、どう反応するかを決断する場面の数限りない繰り返しは、まさに自然淘汰そのものだ。コモドオオトカゲ（インドネシアに分布する巨大な人食いトカゲ）のような頂点捕食者にとって、茂みから聞こえる唐突な物音は食べ物を意味する可能性があり、したがって好奇心を刺激するだろう。一方、リスのように獲物にされがちな動物にとって、急な物音は正反対の意味をもつ。捕食者あるいは危険のおそれあり。反対方向へ退避せよ。

動物にとって、突然の物音を解釈する方法は二通りしかない。一つめは連合学習であり、茂みの裏から大きな物音から聞こえたあとには、しばしば生きものが現れると学ぶ。二つめは、物音の原因は生きものであると推論するというものだ。ささいなことに思えるが、連合学習と因果推論の違いこそ、ヒト以外の動物の思考と、「なぜ」のスペシャリストを隔てるものなのだ。

シロオビネズミカンガルー（ベトン）を例に考えてみよう。オーストラリア西部に棲む奇妙な小型有袋類で、ハツカネズミの顔、ドブネズミの太い尾、ぽっちゃりしたリスの体をもつ、ミニチュアのカンガルーだ。かつてはオーストラリアでもっとも個体数の多い哺乳類の一つだったが、いまでは一万九〇〇〇頭しか残っていない。[*16] シロオビネズミカンガルーが絶滅寸前に追いやられたのは、ヨーロッパ人の入植者が非在来生物、なかでも悪名高き殺し屋であるイエネコとアカギツネを持ち込んだことが原因だ。お察しのとおり、ベトンは生まれつきネコやキツネへの恐怖心をもち合わせていない。一口サイズのもっと小さな有袋類はたいてい逃げるが、ベトンは平然と座り込んだまま。無理もないことだが、そのせいで楽な獲物になってしまう。最近になって、研究者たちは、ネコ型の捕食者に遭遇したことのあるベトンと、ネコ型捕食者に生まれて初めて遭遇したベトンの行動を比較する実験をおこなった。[*17] 予想どおり、以前にネコ型捕食者と遭遇した経験のある個体は逃げ出したが、ネコを見たことがない個体は、逃げようとは思いもしなかった。言い換えれば、シロオビネズミカンガルーは、ネコやキツネは危険であると学習する必要があるのだ。この知見をもとに、地域の自然保護関係者たちは、ベトンにネコやキツネを恐れるように積極的に教え込んでから野生復帰させることで、この種を絶滅から救おうとしている。とはいえ、簡単なことではない。ベトンは生まれつきの本能的恐怖心をもたないため、一頭一頭が直接の体験を通じ、適切な連合学習をなしとげる必要がある。経験を通じて自己防衛を身につけなくてはいけないのだ。

一方、ヒトはこのプロセスを省略し、自分が直接経験していないことも学習することができる。「なぜ」のスペシャリストならではの思考法は、シロオビネズミカンガルーのような動物にはない二つの認知能力をヒトに授けた。想像力と、因果関係の理解だ。僕たちは、霊長類学者のエリザベッタ・ヴィサルベルギとマイケル・トマセロが言う「可能性の網」[*18]のなかを心の眼で探索し、感覚系がキャッチした情報を解釈することができる。比較心理学者のトーマス・ズデンドルフは、著書『現実を生きるサル 空想を語るヒト』のなかで、ヒトの想像力とはすなわち「入れ子状の脳内のシナリオを生み出すオープンエンドの能力」であると述べ、この能力こそがヒトと動物のものごとの理解を隔てる本質的な違いであると論じた。[*19]先述の森での体験でいえば、僕はそれまでに森の散策中に出会ったことのある、変な音をたてながらハンノキの根元をうろつきがちなあらゆる動物(例えばヤマアラシやスカンク)を想像し、それから音の大きさに基づいて、クマに違いないと結論づけた。だが、僕はまた、一度も経験はないけれども抽象的に理解できるものごと(例えばSF小説やファンタジー作品を通じて知ったこと)を想像することもできた。そういう意味では、物音の正体は何だってありえた。空からやってきた隕石が、たまたま茂みの裏に落下したのかもしれない。このような空想的知識のことを、哲学者のルース・ギャレット・ミリカンは「死んだ事実（dead fact）」と呼ぶ。[*20]世界についてある動物がもっている知識のなかで、日常生活のなかでまったく役に立たないであろうもののことだ。ミリカンによれば、ヒト以外の動物は「実利的な活動に直接かかわらない事実に対し、概してまったく無関心」だ。動物たちは日常生活と結びついた生きた知識を蓄積する。ミツバチはタンポポが花盛りの野原の場所を記憶し、イヌはお気に入りの池までの森の獣道のルートを記憶し、カラスは公園を歩くどの人物が餌をくれるかを記憶する。一方、ヒトは無限にといっていいくらい、無駄な（死んだ）事実を記憶する。月までの距離（三八万四四〇〇キロメートル）、ルーク・スカイウォーカーのほんとうの父親（ダース・ベイダー）、ポーラ・アブドゥルのどの曲のMVにキアヌ・リーブスが出演したか（「あふれる想い」）。僕たちの頭のなかは、現実も想像も含めた、死んだ事実でいっぱいだ。ほとんどは一度として役に立つことはない。それでも、死んだ事実は「なぜ」のスペシャリストという特性を支える屋台骨であり、おかげで僕たちはどんな問題に直面しようと、無数の解決策を想像することができる。全部がすぐれた解決策というわけではないが。

「なぜ」のスペシャリストを生み出すもう一つの必須要素が因果関係理解だ。因果関係理解とは、単に二つの事象の間に関連がある（ネコがトイレから出てきたあとには、必ずフレッシュなウンチがある）と知っているだけでなく、片方の事象がもう片方の事象の原因である（ネコがウンチをした）と知っていることだ。これにより、自然界のものごとのしくみをより完全な形で理解することができる。

この種の因果推論がほかの動物にできるかどうかをめぐり、長年の議論が続いている。因果推論の可否をあぶり出す方法としては、「ひも引きパラダイム」と呼ばれる実験がよく知られ、これまでに一六〇種以上の動物を対象におこなわれてきた。[*21]実験の流れは以下のとおり。まず、餌のかけらを結びつけた長いひもを、とまり木や足場から吊り下げる形で設置する。餌をたぐり寄せて食べるには、ひもを引っ張る必要がある。僕たちヒトは、ひもを片手でつかんで引っ張り、もう片方の手が届くところまできたら餌をつかんで、目的を達成できる。餌に手を伸ばす前に、ひもを固定しておかなくてはいけないのがポイントだ。鳥に関する著作や研究で知られる生物学者のバーンド・ハインリッチが、ワタリガラスを対象にこの実験をおこなったところ、彼らはすぐに正解にたどり着いた。ひもの一部をたぐり寄せたあと、片足でひもを踏んで押さえ、さらに先をくわえて引っ張ったのだ。ワタリガラスは試行錯誤の末にこの解決策を編み出したわけではなかった。数秒間ひもをじっくり眺め、意を決したように近づくと、餌に届くまで引っ張ると押さえるを繰り返した。この事実は、彼らは課題の本質と、そこにある因果関係（重力がひもを引き戻すが、ひもを踏んでおけば動かない）を理解していることを示唆する。「行動を実行に移す前に状況を見通していたというのが、この結果に対する最節約的な説明だ」と、ハインリッチは結論づけた。[*22] すなわち、ワタリガラスは最初に課題の本質を考察し、続いて心の眼でいくつもの解決策をシミュレーションしてから、実際の行動に移し、目的を達成した。この事実は、僕たちに比べれば低水準とはいえ、ワタリガラスもまた「なぜ」のスペシャリストであることを意味するのだろうか？そのとおりだと考える研究者は多い。

だが、ある研究チームはカレドニアガラス（概してこの種の実験課題に強い）を対象に、少しひねりを加えたひも引き実験をおこない、ハインリッチの結論に異議を唱えた。小さな穴をあけた板にひもを通し、ひもを引っ張ると何が変わるかをカラスに見えにくくしたのだ。このひも引き課題に初めて挑戦したカラスは、ハインリッチのワタリガラスと同じように、餌を獲得するにはひもを引っ張らないといけないことに気づいたように見えた。ところが、一度ひもを引っ張ったあと、餌との距離が縮まるところを確認できなかったカラスたちは、そこで引っ張るのをやめてしまった。餌が自分に接近するという視覚的フィードバックがなくなると、彼らは突如として状況を理解できなくなったらしい。研究チームはこう結論づけた。「本研究の結果から、ひも引きは知覚運動フィードバックサイクルに媒介されたオペラント条件づけを基盤としたものであり、〈洞察〉、すなわちひもが〈つながっている〉という因果関係の理解に基づくものではないという可能性が示唆される」[*23]。要するに、カラスは何が起こっているかを因果的観点から理解していたわけではなく、すべては「ひもを引く＝餌が近くなる」という連合学習の結果であり、だからこそ状況が見えなくなると学習できなかったというのだ。一六〇種の動物たちによるひも引き実験の結果の解釈をめぐって、研究者の間ではいまも議論が続いている。動物も因果関係を理解できると断言する学者もいれば、動物には理解できないと言い切る学者もいるが、そもそもこのパラダイムは動物の因果関係理解について何らかの洞察を導き出せるような巧妙な実験デザインになっていないという意見が多数派だ。

ほとんどの状況において、動物が因果関係を理解しているかどうかはたいした問題ではない。どちらに転んでも、結局はすぐれた（あるいはまぬけな）意思決定ができるからだ。ルーシーのようなイヌは、茂みの裏で急に物音がするのを聞いたとき、森で唐突に物音がした場合はクマなどの捕食者が現れがちだと学習していれば、警戒しながら偵察するという正しい意思決定ができる。一方、僕は物音を聞いた瞬間、ありうる原因（隕石、クマ、動物園から脱走したコモドオオトカゲなど）にぐるぐると想像力を働かせ、結局はまったく同じ効果的な意思決定（警戒しながら偵察）にたどり着く。ルーシーと僕は、完全に同一の推論（ものごとの状態についての結論）に、まったく別の認知的経路を介して到達することができる。僕は因果推論によって、ルーシーは昔ながらの連合学習によって。

あなたの愛犬にも立派な推論の能力があり、しかもそこに因果関係の理解はまったく必要ないことを示す、簡単な実験のやり方をお教えしよう。まずはおやつを一粒手にとって、あなたの靴に入れる。数秒間靴を振ったあと、愛犬の目の前に差し出し、おやつを食べさせる。次に、見られないように気をつけながら、片方の靴に再びおやつを入れる。そうしたら、両方の靴を振るところを見せて、愛犬に片方を選ばせよう。あなたの愛犬もきっと、おやつが入っているほうを最初から選ぶはずだ。なぜか？　片方の靴からは（おやつがなかを転がる）音がして、もう片方からは音がしないからだ。これは診断推論と呼ばれる能力だ。[*24] 高度な形の連合学習であり、イヌは音とおやつの結びつきを理解している。けれども、ここで重要なのは、イヌは音を生み出している原因がおやつであると理解しているわけではないことだ。こちらは因果推論だが、イヌには必要ないものだ。なくてもおやつは食べられる。

予想はつくだろうが、診断推論には限界がある。因果推論の能力をもつ僕たちが、ほかの動物を上回る例をあげよう。いま、僕は両手に靴を片方ずつもっている。片方にはフロープが、もう片方にはブーパーがたくさん入っている。僕はあなたにフロープとブーパーの写真を見せる。フロープは小さめのマシュマロみたいなお菓子で、ブーパーは小さな金属球だ。あなたはフロープとブーパーの実物を見たことがないし、写真のほかに両者についての知識を何一つもっていない。それでも僕が靴を振った瞬間、あなたにはどちらにブーパーが入っているかがわかる。より大きな音がするほうだ。これは、あなたが物体の因果的特性を深いレベルで理解しているからだ。やわらかい物体は、硬い物体ほど音をたてない。

イヌにこうした推論はできない。それぞれの物体がたてる音の違いを耳にしないかぎり、連合学習は成立しないのだ。

いうまでもないが、診断推論と基本的な連合学習だけでは、動物にできることは限られている。本質的な因果関係を理解せず、そもそも関心すらない動物たちは、決して「なぜ」の疑問に頭を悩ませたりしない。それゆえ、ホモ・サピエンスが享受してきた数々の成果、例えば火や農業や素粒子加速器を生み出すこともない。ヒトがその頭脳のおかげで、初歩的なもの（例えば不審な物音の正体）も高度なもの（例えば病気の原因はウイルスだという知識）も含めた生存スキルに関して、ほかの動物たちに比べて圧倒的な優位に立っていることに疑問の余地はないように思える。僕たちは、無限の可能性の網と死んだ知識のなかを探検して、因果関係の解明に役立てることができる。しかし、だからこそ再び、あの不可解な謎が立ちはだかる。因果関係理解に、ほかの思考様式と比べてそれほどまでに明らかな優位性があるなら、なぜ僕たちがそれを利用し始め、そして現代文明が勃興するまでに、二〇〇万年もの年月が必要だったのだろう？　その答えは、人類は「なぜ」のスペシャリストであるからこそ、ときに途方もない茶番へと突き進んできたからだ。そうした失敗はあまりにも（進化的観点からみて）種にとって有害だった。こんなことなら連合学習だけに頼っていたほうがましだったかも、と思うほどに。

## 「ニワトリの尻」ソリューション

ここでもう一度、タイムトラベル熱気球に乗っているところを想像してほしい。今度の目的地は一〇万年前のバリンゴ湖だ。湖畔には、以前より少し定住向きになった人類の野営地が見える。僕たちは上空から、ありふれた不運なできごとを目撃する。ひとりの少年がついさっき、アフリカでもっとも危険な毒蛇であるパフアダーにふくらはぎを噛まれたのだ。適切な治療を施さなければ、彼が死ぬ確率は高い。幸運なことに、ひとりの大人が幅の広い葉のついた大きな植物の茎を手に駆け寄ってきた。エンセーテまたはニセバナナと呼ばれる植物だ。彼女は茎を二つに折り、滲み出た液体を噛まれた部位にさっと塗りつける。現代の血清には遠く及ばないが、この植物には鎮痛作用と抗菌作用がある（そのため現代のケニアでも毒蛇咬傷の民間治療に使われる）[*25]。先史時代の人類は、どうやってこの事実を知ったのだろう？　薬用植物についての古代の知識は、連合学習と因果推論の組み合わせに基づいていた。おそらく、バリンゴ湖畔に住んでいた大昔の親戚の誰かが、茂みで狩りをしていたときに腕にけがをして、たまたま手近にあったニセバナナの葉をむしり取り、傷に当てて出血を止めようとしたことがあったのだろう。数日後、彼らは傷の治りがふつうよりも早いことに気づき、そして疑問を抱く。なぜ？　そこから彼らは、この植物の葉が回復を促す何らかの特性を備えているという結論に行き着く。この知恵は（言語と文化を通じて）数千年の時を越えて継承され、毒蛇咬傷を見事に治療し、少年の命を救う。

因果推論は明らかに、僕たちの祖先がもっていた「なぜ」のスペシャリストの武器のなかでも、きわめて強力なものだ。だからといって、いつも正しく使われてきたわけではない。因果関係を探さずにはいられないヒトの認知特性は、ときに問題を解決するどころか、かえって多くの問題を引き起こした。因果関係が存在しないところにまでその幻影を見出したせいだ。

どういうことなのか、再び気球に乗って確かめに行こう。行き先は、西暦一〇〇〇年頃の中世のウェールズだ。アイリッシュ海を望むなだらかな緑の丘の上から見渡すと、人々が暮らす小集落が見えてきた。この一世紀後、アングロ＝ノルマン系貴族がここに要塞を築き、それからいろいろなできごとが起こって、やがて風光明媚な海沿いの町アベリストウィスが建設される。とはいえいまはまだ小さな村でしかなく、ウェールズ語を話す住民たちは、先史時代の氏族と同じような問題に直面している。村の長の息子である少年が、草むらで遊んでいたときにヨーロッパクサリヘビに嚙まれたのだ。パフアダーほどの猛毒ではないが、それでも咬傷は子どもの命にかかわるもので、手当てが必要だ。幸い、村には治療師がいる。

母親は少年を治療師の家に連れてきて、彼の頭を抱きかかえる。嚙まれたふくらはぎは毒が回って腫れ上がっている。治療師が大急ぎで少年のもとに駆けつける。片手には鶏小屋で捕まえてきた一羽の雄鶏。治療師は、尾羽を少しむしって皮膚を露出させると、丸見えになった雄鶏のお尻を少年の患部に押し当てる。一時間以上も雄鶏を当て続けたあと、治療師はもう大丈夫だと宣言する。母親は息子を家に連れ帰るが、数時間後、少年は死亡する。雄鶏には何の効果もなかった。死因はクサリヘビの毒による心不全だ。

雄鶏の尻を傷口にこすりつける治療法は、中世ヨーロッパでは毒蛇咬傷の治療法として広く受け入れられていた。一四世紀後半にウェールズで書かれた医術書には、明確な治療方針が示されている。「毒蛇に嚙まれた際、（嚙まれたのが）男であれば、生きた雄鶏を手に入れ、その尻を傷口に当ててしばらく放置すれば回復する。女であれば、生きた雌鶏で同様に治療すれば、毒が除かれる」[*26]

このウェールズの医術書にはほかの治療法も載っている。聾を治すには、雄羊の尿、ウナギの肝、トネリコの樹液を混ぜたものを耳に注ぐべし。悪性腫瘍を取り除くには、ワインにヤギの糞と大麦粉を混ぜて煮詰めたものを患部に塗布すべし。クモに噛まれても死を恐れることはない。クモの毒が危険なのは九月から二月までの間だけで、もしもこの期間に噛まれたら、死んだハエを潰して傷口に塗れば治る。現代の読者にはどれもデタラメとしか思えないが、たまたま運よく、あるいは因果推論が偶然にも正しかったおかげで、中世の医術が功を奏することもあった。治療効果が現代医学を上回ることさえあった。科学者たちは最近、九世紀の医術指南書『ボールド治療書（Bald's Leechbook）』に書かれたタマネギ、ポロネギ、ニンニク、牛の胆汁からなる軟膏が、抗生物質耐性細菌であるＭＲＳＡ（メチシリン耐性黄色ブドウ球菌）の感染に効果を発揮する可能性があると報告している。[*27]

医学の歴史は実践的な因果推論そのものだ。どの時代と場所に注目しても、専門家たちは病気がなぜ起こるのか、人はなぜ、どのようにけがによって死に至るのかを問い、単なる相関関係ではなく因果関係を追求した。こうして発達した洗練された理論体系が、いまや歴史のゴミ箱に放り込まれた「四体液説（humorism）」だ。聞いたことがないという人も、心配はいらない。現代においてこの理論をまともに取り合う人はほとんどいないし、そうなったのには相応の理由がある。

それでも、四体液説はおよそ二〇〇〇年にわたり、ヨーロッパの医学における主要パラダイムであり続けた。いまや棄却され信用を失ったが、西洋文明はこの医学体系を礎に築かれた。ユリウス・カエサルも、ジャンヌ・ダルクも、カール大帝も、アリエノール・ダキテーヌも、ナポレオンも、一九世紀より前の西洋史の重要人物はひとり残らず、四体液説を知っていたし、信じていた。

四体液説の起源は紀元前五〇〇年の古代ギリシャにさかのぼる。体液を意味するhumorは、ギリシャ語のχυμόςに由来し、本来の意味は「樹液」だ。四体液説の普及にもっとも貢献した人物とされる、ギリシャの医師ヒポクラテス（「ヒポクラテスの誓い」で知られる）は、この理論を次のように説明した。
「人体は血液、粘液、黄胆汁、黒胆汁を含み、これらの組成こそが疾病と健康の原因である。健康とは、四種類の体液が適切な比率、濃度、質を保って存在し、よく混ざりあっている初期状態を意味する。疾病が生じるのは、特定の種類の体液が過少または過多となるとき、または体の一部に隔離されてほかの体液と混ざりあわないときである。[*28]」

　二世紀から三世紀のギリシャの医師ガレノスや、一〇世紀ペルシャの医師で博学者のイブン・スィーナーは、こうした考えを基盤として、四体液説を僕たちがタイムトラベル気球で訪れた中世ウェールズで広く受け入れられていた形へと発展させた。そこでは、体液の不均衡が病気を発症する原因とされた。四種類の体液（血液、粘液、黄胆汁、黒胆汁）自体が、それぞれ四つの相容れない性質（熱・冷・湿・乾）に対応する。黄胆汁は熱く乾いていて、血液は熱く湿っている。粘液は冷たく湿っていて、黒胆汁は冷たく乾いている。これら四つの基本性質から、森羅万象を構成する四大要素、すなわち火・水・気・地が生じる。例えば火は熱く乾いていて、水は冷たく湿っている。こうした力の拮抗作用を知ることで、医師はすべての病を治すことができるとされた。発熱している人は熱すぎ、乾きすぎていて、体液の組成が崩れている（すなわち、黄胆汁が過剰である）。したがって熱を下げるには、患者を冷たく湿ったもの（例えばレタス）にさらし、体液の均衡を回復させる必要がある。

　毒蛇咬傷にニワトリを使う治療法は四体液説に根ざしたものだが、ウェールズの医術指南書に詳細は書かれていない。とはいえ、ニワトリの尻を傷口に当てれば、患者の体から毒が抜け、ニワトリへと移るという考えだったことは確かだ。もちろん、これも体液の不均衡と、相反する基本性質の摩訶不思議な組み合わせのおかげだ。[*29]

四体液説は美しく構成された複雑な医学体系であり、全面的に因果推論に立脚していた。病気やけがは生理機能を調整する体内のさまざまな物質（例えば血液や胆汁）に起こる変化や問題と関連するという点に関して、当時の医師たちは正しかった。彼らはただ、因果関係の働きを誤解していただけだ。一九世紀なかば、四体液説はついに現代医学に取って代わられる。現代医学は科学の作法の賜物であり、そこには相関関係と因果関係を区別するのになくてはならないテクニック、すなわち臨床試験が取り入れられている。[*30] 臨床試験のおかげで、僕たちは因果関係に関する何らかの推論（例えば、ヘビに噛まれた傷口にニワトリの尻を当てれば体から毒が抜ける）を検証にかけることができる。一〇〇人の毒蛇咬傷患者にニワトリの尻を当て、別の一〇〇人にはプラセボ（例えば傷口にガーリックトーストを当てる）を与え、さらに別の一〇〇人には何の治療もしない、というように。結果を比較して、三グループの治癒率が同じなら、ニワトリの尻に（そしてガーリックトーストにも）じつは毒蛇咬傷を治す効果がないとわかる。そこから出発して、四体液説のあらゆる前提条件を一つひとつ検証していけば、いずれは四種類の体液の作用に関する推論すべてがまるっきり間違っていたことに気づくはずだ。

もちろん、科学の作法と臨床試験がいつも正しい結果を生み出すわけではない。驚くほど長きにわたって、僕たちは科学的検証に基づき、胃潰瘍の原因はストレスだと考えてきた。しかし一九八四年、バリー・J・マーシャルとJ・ロビン・ウォーレンが、ヘリコバクター・ピロリという細菌こそが真の原因であることを実証した。事実が明らかになったのは、マーシャルが胃潰瘍患者の胃からこの細菌を単離し、培養液に混ぜて、みずから飲み干したおかげだ。三日後、彼は胃潰瘍を発症した。細菌が犯人である動かぬ証拠だ。残念ながら、現象のほんとうのしくみを科学の作法で解明するには時間がかかる。それまで僕たちは、「なぜ」のスペシャリストならではの衝動にまかせ、四体液説のような的はずれな答えを量産する。そして、大いなる「なぜ」の疑問へのポンコツな答えの使えなさは、ちょっと不便なんてレベルではない。あまりにひどすぎて、人類はいずれ「なぜ」のスペシャリストであるせいで絶滅するかもしれないと思うほどだ。

## 「なぜ」のスペシャリストは特別か？

一つの生物種としてバリンゴ湖のほとりに誕生した瞬間から、僕たちは「なぜ」のスペシャリストとしての特性をもっていた。にもかかわらず、先史時代の大半を通じて、この能力はたいした成果をもたらさなかった。ヒトの個体数は一〇万年の間、チンパンジーのそれとほぼ同じだった。ヒト科の進化という観点でみれば、農耕（植物がなぜ成長するのかを理解した結果）などの技術的進歩によって僕たちが定住し始めたのはつい最近（約四万年前）だが、そこから世代を経るたびに人口を増やし、やがて地球を支配するほどになった。確かにこの事実は、僕たちが「なぜ」のスペシャリストであったおかげで、非スペシャリストのいとこであるチンパンジーと比べて、非合理なほどの繁栄をとげた証拠といえる。

だが、ヒトの思考様式、すなわち因果関係へのこだわりを基盤とする僕たちの知性が、ほんとうに特別で、例外で、優秀であるのかを考えるうえで、この事実は何を意味するのだろう？　ヒトとチンパンジーはバリンゴ湖のほとりで一〇万年にわたって共存し、同程度の成功を収めていたのだから、「なぜ」のスペシャリストとしての特性は、獲得したとたんに進化的な意味での優越につながったわけではないだろう。実際、ヒト以外の動物の成功について僕たちが知るかぎり、動物たちは明らかに、ものごとが起こる理由を問うことなく、すばらしく有意義な意思決定を下すことができている。それどころか、因果推論はときとして、より単純な思考様式（例えば連合学習）による世界の把握に劣ることさえある。

認知行動科学者のクリスチャン・シュレーグルとユリア・フィッシャーは、動物による因果推論に関する包括的なレビュー論文を著し、最後のページでこう結論づけた。「進化的観点から見れば、動物が推論するか、連合学習するか、生得的行動を発現するかにたいした意味はない。問題を解決できさえすればいいのだ」[*31]。アーメン。誰がどう見ても、ヒト以外の動物たちは因果関係を深く理解することなく、この世界でうまくやっている。

例えば、植物を薬として利用できることに気づいた動物はヒトだけではない。たくさんの動物たちが、連合学習によって同じ結論にたどり着いている。アフリカにはビターリーフ（*Vernonia amygdalina*）と呼ばれるキク科の植物があり、現代人はこれをマラリアの症状の緩和や、胃の不調の解消、虫下しのために利用している。そして、チンパンジーが同じ植物を採集し、葉と表皮を取り除いて、苦い髄の部分を噛むところも観察されている。ビターリーフはチンパンジーのふだんの食料ではなく、ヒトにとってそうであるように、チンパンジーの口にも苦いはずだ。研究者たちは、チンパンジーがこの行動をとるのは腸内の寄生虫密度が高いときだけであることを突き止め、食べたあとは実際に寄生負荷が下がることを確認した[*32]。彼らは連合学習により、この植物を食べると腹部の疝痛が治まると知ったのだ。そして、ここが重要なのだが、チンパンジーはおそらくビターリーフがなぜ効くのかなど気にもとめておらず、ただ効果だけを知っている。連合学習だけを利用し、因果推論に頼ることなく、チンパンジーは自己治療の方法を編み出した。粘土を食べて胃腸を整えるたくさんの種の鳥や、樹皮を食べて分娩を促すゾウにも、同じことがいえる。[*33]

連合学習の偉大さを実感していただけるように、一つ質問をしよう。自分が乳がんにかかっていないか心配しているとき、あなたなら乳房X線写真をどちらに見てもらいたいだろう？　がん診断に三〇年の実績のある放射線科医？　それともハト？　驚かれるかもしれないが、ご自分の命が大事なら、僕としてはハトをおすすめする。連合学習と鋭敏な視覚のおかげで、ハトはがんの発見にかけては、ベテラン放射線科医を上回るのだ。このことを実証した研究がほんとうにあって、結果はじつに見事だ。

退屈な昔ながらの連合学習の一種である古典的条件づけを利用して、研究者たちはハトを訓練し、乳がん組織の写真をつつくようにした。そして、がん組織とそうでない組織を視覚的に区別する方法を数日間学習したハトに、それまで見せたことのない乳房組織の写真を提示して診断させた。ハトはがん組織を八五％の精度で正しく識別した。四羽のハトの回答の平均をとると、精度は九九％に跳ね上がった。がん組織をつつくハトのチームは、同じ課題に取り組んだヒトの放射線科医よりもよい成績を収めた。[*34]

ヒトと同じように、ハトは鋭敏な視覚に加えて、がん組織と良性組織の細部の特徴の違いに気づける知覚能力と、二種類の組織を別々の概念的カテゴリーに分ける認知能力をもっている。このような課題において、「なぜ」のスペシャリストという特性は、ヒトに優位をもたらさない。必要なのは鋭敏な視覚と基本的な連合学習だけであり、だからハトは放射線科医よりもうまくがん組織を発見できる。

だが、「なぜ」のスペシャリストであることの唯一性や優越性をほんとうの意味で批判的に検証するには、この特性がもたらす負の側面に注目しなくてはならない。そこで、ビターリーフで腹痛を治す例から、因果関係を追求するヒトのやり方が（チンパンジーのアプローチと違って）思わぬ副作用につながる可能性を考えてみよう。「なぜビターリーフを食べると気分がよくなるのだろう？」こんなふうに理由を問うことができるせいで、ヒトが道を踏み外してしまう筋書きは容易に想像できる。この植物には慈悲深き神が授けた超自然的性質が備わっていると、誰かが結論づけたとしたら？　ビターリーフは社会のなかで神聖なものとして扱われ、その不思議な力を抽出する儀式が執りおこなわれるようになるかもしれない。この特別なセレモニーでは、ビターリーフを煮詰めた濃厚なスープを作り、それを新生児に飲ませて、人生に降りかかる困難をはねつける超自然的な力を授ける。その結果、たくさんの赤ちゃんが儀式のあとに命を落とす。濃縮された植物由来の有毒成分を摂取したせいだ。

人類の歴史は、このような「なぜ」の疑問へのどうしようもない答えでいっぱいだ。なぜ世界各地の人々は外見（皮膚の色の濃さ、身長の高低、鼻や眼の形など）が異なるのかという疑問は、一九世紀の米国人医師サミュエル・ジョージ・モートンによれば、多起源論で説明できる。多起源論とは、現代人の異なる集団は複数の異なる初期人類系統から別々に進化した、あるいは神が別々に創造した結果であるとする考えだ。どちらを選ぶにしても、モートンによれば、集団間の差異は頭蓋骨を見ればわかる（彼は現代人を五つの人種に分類した）。白色人種の頭蓋骨はもっとも大きく丸みを帯びていて、したがって脳容量が最大であり、いうまでもなくもっとも賢い。ちなみにモートンも白人だった。彼は悪名高き著書『クラニア・アメリカーナ』のなかで、「白色人種はもっとも高度な知的能力を可能にするような特性によって区別される」[*35]と論じた。現代の僕たちは、彼の主張を支える基本的な前提が誤りであると知っている。頭蓋骨の大きさ（すなわち脳容量）と知性には何の関係もないのだ。脳の半分を切除した人や、水頭症と呼ばれる頭蓋内に液体が溜まる疾患によって脳のサイズが通常よりもずっと小さい人が、何の問題もなく日常生活を送り、ＩＱでも通常の範囲に収まる事例はいくらでもある。ヒトに関するかぎり、脳のサイズと認知能力は完全に無関係だ。このあとの章で見ていくが、ほかの動物においても、脳のサイズだけでは知性について何もいえないと考えるべき理由はたくさんある。このような人種差別（科学的人種差別）は、米国において奴隷制を正当化する根拠として援用され、数世紀にわたって白人至上主義をのさばらせ、無数の人々に筆舌に尽くしがたい苦痛をもたらした。これらすべてが、元をたどれば一つの素朴な「なぜ」の疑問への、おぞましい（そしてまるっきり間違った）答えに行き着くのだ。

さらに悪いことに、いまやヒトという種の未来そのものが、「なぜ」の疑問への答えがもたらした予期せぬ恐るべき副作用に脅かされている。内燃機関は、小さな爆発を起こしてシャフトを回転させ、車輪やジェットタービンやその他もろもろを推進する、驚異のテクノロジーだ。その発端となったのは、なぜ熱と圧力が物体を動かすのかという疑問への答えだった。不幸なことに、この小さな爆発を起こすための燃料（木材、石炭、ガソリンなど）を燃やすと二酸化炭素が発生し、大気中に放出された二酸化炭素は熱を吸収し放射する。過去一世紀にわたり、僕たちが無数の内燃機関を稼働させ、大気中に膨大な量の余分な二酸化炭素を排出してきた結果、地球の気温は急速に上昇している。気候科学者たちがずっと前から訴えてきたように、これは悪いことだ。どれだけ悪いかといえば、すでに僕たちの社会の根幹に亀裂を生じさせていて、グローバル・チャレンジズ・ファウンデーションによれば今後一〇〇年以内に約一〇%の確率で起こるという、ヒトの絶滅に寄与する要因の一つになりかねないほどだ。[*36] というわけで、確かにチンパンジーはヒトのように因果関係を考える能力を欠いていて、そのせいで握斧や内燃機関を生み出せないけれど、彼らは僕たちと違って、進化的な意味で墓穴を掘ってもいない。

ヒトの因果推論の能力に関して、進化はまだ結論を決めかねている。「なぜ」のスペシャリストという特性が、生物種としての僕たちの未来にどんな影響を与えるかは未知数だ。みずから生み出した存亡にかかわる危機(例えば気候変動)を僕たちが解決できるかどうかは、因果推論の能力にかかっているが、それはまた危機を作り上げた根本的要因でもある。手遅れになる前に解決できるか、それとも「なぜ」のスペシャリストという人間の本性が呪いとなるのか、答えはまだ誰も知らない。

端的にいって、生物種として成功を収めるのに、「なぜ」のスペシャリストとなって因果関係を理解する必要はまったくない(し、むしろ成功の妨げになるかもしれない)。億万長者のデイトレーダーになるのにも、因果関係の理解は不要だ。マイク・マカスキルは二〇年にわたり、株式市場における因果関係を入念に考察し、彼なりに理解したうえで、どの銘柄を買うかの意思決定をおこなった。だが結局、彼がやってきたことは、ネコのオーランドにもできる無作為のギャンブルと何一つ変わらなかった。『お前がやってるのはただのギャンブルだ』って、親父に言われるんだ」と、マイクは言う。「ふつうに投資してたら、ずっと前に金持ちになってただろうね」

投資ポートフォリオの株や債券を選ぶのに、「なぜ」のスペシャリストならではの推論能力を使ってもいいし、ネコに選んでもらってもいいけれど、これだけは覚えておいてほしい。「なぜ」のスペシャリストとしての能力のおかげで、自分にはネコより知的な判断ができると思っているなら、それはただの幻想だ。

# 第2章●正直に言うと

## ――嘘の力と落とし穴

それでは、真実とは何か？　好きなように動かすことのできる隠喩、換喩、擬人法であり、つまりは詩的かつ修辞学的に強調され、転換され、美化された人間とものごとの関係性のうち、長く利用された結果、固定的で、規範的で、拘束力をもつかのように人々が思い込んでいるもののことである。真実とは、われわれが幻想であることを忘れた幻想のことだ。

——ニーチェ[*1]

サリー・グリーンウッドがラッセル・オークスに初めて会ったのは、二〇〇四年にイングランドのスタンディッシュにあった彼の接骨院を訪れたときだった。フォームビーのビーチにほど近い、グリーンウッドが所有する眺めのいい馬牧場から車ですぐのところだ。接骨医は患者の関節や筋肉を調整してけがや痛みを治療する専門職であり、オークスの施術で彼女の背中の痛みは和らいだ。施術中、オークスは驚くような話をした。彼の接骨術は、ほかの動物にも簡単に応用できるというのだ。グリーンウッドはオークスの話に興味をもち、彼を自身の牧場に招いて馬へのセラピーを試した。施術は大成功だった。まもなくオークスは、グリーンウッドの馬のかかりつけの接骨医として働くようになった。

出会って二年とたたないうちに、オークスはグリーンウッドに、獣医学の学位を取得し、王立獣医師協会に加入したと語った。彼いわく、接骨医としての実務経験のおかげで、通常より短期間で学位を認められたのだという。[*2] 彼女はオークスに、獣医として開業し、牧場以外の診療も引き受けてはどうかと勧めた。彼は二つ返事で助言に従い、二〇〇六年に「フォームビー・エクイン・ヴェッツ」を開院した。グリーンウッドはオークスの技量と知識に感服し、彼には「天賦の才」があると請け合った。開業まもないうちから、彼はグリーンウッドの馬の失明を阻止し、高価な馬術用個体の脚の異常を正しく診断した。[*3]

しかし、誰もが感銘を受けたわけではなかった。ランカシャーのラフォード獣医師会に所属する馬専門の獣医師であるシーマス・ミラーは、オークスの資格取得の異例の早さに疑問を抱いた。[*4] 接骨医としてフルタイムで働きながら、いったいどうやって獣医学部に通ったのだろう? 「獣医コミュニティのなかで、彼は〈スタンディッシュの接骨医〉として知られていました」と、ミラーは『リバプール・エコー』紙に語っている。「彼が急に獣医学の学位を取得したことに違和感を覚えました」。英国で獣医学の学位を取得するには、五年間みっちり勉強に専念しなくてはいけないのだから、現実的に考えて臨床の仕事をしながら達成できるはずがない。ミラーはまた、オークスの馬との接し方を見て、彼の獣医としての技量にも疑いを抱くようになった。「彼の仕事ぶりを見ましたが、標準的なやり方とはかけ離れていました」。ミラーは経歴をチェックしようと、王立獣医師協会に問い合わせたが、不審な点はなさそうだった。協会は、オークスは優秀な会員のひとりであり、資格についても申し分ないと回答した。[*5]

ところが二〇〇八年二月、オークスの不手際が緊急事態を招き、ミラーはエインズデールに呼び出された。オークスはルーという名の四歳のウェルシュポニーの去勢を依頼され、牧場を訪れていた。[*6,7] 目撃者の証言によると、オークスは麻酔にてこずり（麻酔薬の調合に二〇分以上かかったという）、注射の際に血管を見つけるのにも苦労した。極めつけに、オークスは手術中に動脈を傷つけ、ポニーは大量出血した。こうしてルーの命を救うため、ミラーが呼ばれたというわけだ（ミラーはしっかり仕事をこなした）。ミラーはこの一件を王立獣医師協会に報告し、改めてオークスの経歴の調査を求めた。今度こそ協会もこれに応じた。

調査の結果、オークスはそもそも獣医ですらないことが発覚した。彼のオフィスに飾られたオーストラリアのマードック大学の学位記は、偽の学位を販売するオンライン企業から購入されたものだった。騒動のあと、地元警察がオークスの疑惑の捜査に着手すると、長年にわたる詐欺行為の数々が明らかになった。彼は自身の接骨院で検査結果を偽造し、高齢の女性患者に心疾患と腎疾患があると信じ込ませた。また、偽の血液検査で五歳の男児にアレルギーの診断を下し、グルテンフリー食に切り替えるよう指示したこともあった。これにより男の子は体重が激減し、入院するはめになった。[*8]

オークスは逮捕されたが、彼はまわりがなぜ騒いでいるのか理解できずにいた。彼は取り調べに対し、オンラインで取得した獣医学の学位は本物だと思っていたと供述した。[*9] 自分がしたことはすべて、人々と動物たちの苦しみを和らげたいと心から願うがゆえのものであり、不正行為は一切していないと、彼は無罪を主張した。調査報道を主導した『ホース＆ハウンド』誌のインタビューで、マージーサイド警察犯罪捜査部のジョン・ボルトン刑事は、オークスについて「すべての取り調べで嘘をつき、まったく良心の呵責を示さなかった。自分は無実だと心から確信しているようだった」と述べている。

ラッセル・オークスはあまりに多くの嘘を、あまりにうまくつきとおしたおかげで、自分自身さえも欺くことができた。ヒトの認知能力に照らしてみれば、意外なことではない。あなたも僕もオークスも、嘘つきの才能にかけては同じ穴の狢（むじな）。因果推論の能力と同じように、嘘をつく能力もまた、僕たちの繁栄を支える柱の一つなのだ。あらゆる人間行動がそうであるように、嘘の起源や嘘に相当する行動を動物界に見いだすことはできるが、僕たちはその水準を極限まで高めてきた。この章でこれから見ていくように、虚構を生み出し信じることへの積極性は、人類を並外れた成功へと導いた。残念ながら、それは僕たちにかけられた呪いでもある。

## 騙しの起源

ホモ・サピエンスが嘘をつく能力をどのように獲得したかを理解するために、まずは動物界一般におけるコミュニケーションの進化について知っておこう。生物学者はコミュニケーションをどう定義するのだろう？　一つの定義は以下のとおりだ：コミュニケーションとは、正しい情報を含む信号を、相手の行動を変えることを目的として、ほかの生物に向けて発信する方法のことである。

生命が誕生して以来、コミュニケーションは生物世界の中核を担ってきた。タンポポの黄色い花びらを思い浮かべてみよう。この花びらは、送粉者である昆虫に向けて、蜜と花粉のありかに関する正しい情報を送るものとして進化した。昆虫のほうは（花と並行して）この情報を解読できる能力を進化させた。すなわち、花は昆虫にここに食料があるという信号を送り、その信号が昆虫の行動を変える（花の上に着陸させる）。このコミュニケーションの系においては両方が利益を得る。昆虫は満腹になり、また昆虫が花から花へと飛び回ることで、植物は花粉を拡散させる。

動物界のコミュニケーションのほぼすべては、利益をもたらす正確な情報を発信するものだ。イチゴヤドクガエルの鮮やかな赤の体色は、ほかの動物に自分が致死的な毒をもっていることを知らせる視覚的信号だ。ただし、カエルはこの情報を意図して伝えているわけではない。体色は生まれつきで、彼らは赤が何を意味するかなど知らない。同様に、カエルの捕食者（例えばヘビ）も、赤いカエルは食べられないという生得的知識をもって生まれるのであって、試行錯誤して学ぶわけではない。赤いカエルを見ると、ヘビは引き下がる。明るい色（イチゴヤドクガエル）、コントラストの強い縞模様（スカンク）、目を見張るような青い斑点（ヒョウモンダコ）といった特徴は、警告信号（aposematic signal）と呼ばれる。ギリシャ語で apo は「離れる」、sema は「印」を意味する。ヒトもまた、進化的過去と結びついた警告信号への本能的な恐怖をもって生まれてくる。例えば、ヒトは生得的に三角形（例えばガラガラヘビの背中のジグザグ模様）に警戒心を抱く。[*10] もしかしたらこの原初の恐怖こそが、先端恐怖症と呼ばれる、「鋭利な、あるいは尖った物体（例えばハサミや針）への病的な恐怖」[*11] の原因かもしれない。先端恐怖症の場合、ヘビやナイフや針といった明らかに危険なもの以外にも恐怖の対象が拡大する。深刻な先端恐怖症の人は、ダイニングテーブルの角にさえ、ガラガラヘビを見たときのような恐怖反応を示す。

だが、ヒト以外の動物のコミュニケーションがすべて信頼に足るわけではない。動物界には、疑わしい情報を発信する形態的特徴を進化させた種もたくさんいる。そこで、もう一つ用語の定義を示しておこう。

欺きとは、間違った情報を含む信号を、相手の行動を変えることを目的として、ほかの生物に向けて発信する方法のことである。

生物学における欺きの信号の古典的な例として、ある生物がほかの物体や生物に見えるように自分の姿かたちを偽装する、擬態と呼ばれる現象がある。ナナフシは木の枝そっくりの体をもつことでおなじみだ。チョウチョウウオの体の側面にある大きな黒い斑紋（目玉模様）は、体を捕食者の頭のように見せる目の錯覚を生み出す。擬態の一形式であるベイツ擬態は、無害な動物が危険な動物の警告信号を真似るものだ。トラカミキリは黒と黄色の縞模様をもち、危険なスズメバチにそっくりだが、まったく害はない。ハナアブは刺さないが、彼らの縞模様はミツバチによく似ている。*Allobates zaparo* というカエルはイチゴヤドクガエルのように赤いが、毒をもたない。ベイツ擬態は捕食者を退却させるための（進化的にみて）手軽な防御メカニズムだ。ハナアブの遺伝子と形態に手を加えて縞模様を進化させるのに必要な変異の数は、本物の毒針を作るのに必要な変異の数と比べれば少ない。毒針は動物にとってすばらしい防御メカニズムだが、作り出すには膨大なエネルギーと細胞資源を費やさなくてはならない。ハナアブは針と毒にエネルギーをつぎ込むことなく、毒針をもつ動物であるかのように偽装して、コミュニケーション信号システムの脆弱性を突いた。ふつうは正直である信号（縞がある虫には毒針がある）を乗っ取り、欺き（縞はあるが毒針はない）に利用することで、進化的ショートカットをなしとげたのだ。

ここで重要なのは、生物学において動物のコミュニケーションを論じるうえでは、欺きという言葉にネガティブな含みはまったくないということだ。僕たちは欺きと聞くと、悪人がよからぬ目的のためにする行為を思い浮かべる。だが、動物界における欺きとは、単純に不正確な情報を提供するコミュニケーション信号のことでしかない。たいていの場合、こうしたコミュニケーション信号は（カエルの皮膚の色のように）動物の形態と直結しているため、動物自身は発信している情報が不正確であることにまったく気づいていない。ヒト以外の動物は、相手を欺いてやろうと意図することなく、また信号そのものが虚偽であるとはまったく知らないまま、擬態などの欺きの信号を送る。

では、ラッセル・オークスの行動はどうか。彼は欺きのコミュニケーションを意識的にコントロールしていたし、経歴や正体を偽ってサリー・グリーンウッドを欺くことを明確に意図していた。彼は自分が嘘をついていることも、グリーンウッドが自分の嘘を信じるであろうことも知っていた。このような芸当ができたのは、天才詐欺師に必要ないくつかの認知的特性を、ヒトが進化の過程で獲得したからだ。しかし、例によって例のごとく、他者を意図的に欺くという僕たちの能力もまた、そのルーツと相似を動物界に見いだすことができることを、次にご紹介しよう。

## 意図こそすべて

ここまでに取り上げた動物のコミュニケーションは、すべて受動的、すなわち意図しないものだった。特定のメッセージを伝達できるように進化した、動物の形態的特徴（ヒヒの巨大な犬歯や、ヘラジカのオスの角など）の一つという意味だ。しかし、動物は能動的かつ意図的なコミュニケーションもできる。ネコを例にとろう。ネコは不快感を訴えたいとき、尾をすばやく振り、床にパタパタと打ちつける。尻尾パタパタは、ネコが自分の情動に関する重要な情報をほかのネコに伝える信号として進化した。正直な信号であり、この行動はネコのネガティブな情動状態と正確に相関する。

だが、ここで疑問が浮かぶ。ネコの尻尾パタパタは意図的なものだろうか？　もしネコが何らかの目的を達成するためにコミュニケーション信号を生成するという意思決定をしたなら、それは意図的と解釈できる。動物が意図的なコミュニケーションをおこなう目的は、ほかの動物の行動を変えることだ。そして、この目的があるからこそ、彼らは状況を観察し、コミュニケーション信号が望ましい効果を生み出しているかどうかを確認する。例えば、うちのネコのオスカーは、僕がなでると尻尾をパタパタさせる。僕になでるのをやめてほしいのだ。尻尾パタパタは、ネコの行動レパートリーに含まれる、不快感を示すたくさんのシグナルの一つだ。僕がオスカーの意図を理解しそこねたら、彼はもう少し明確なコミュニケーション信号へとステップアップするだろう。つまり、僕の手を噛むのだ。ここでもまた、彼は僕になでるのをやめさせる（僕の行動を変える）という目的をもって、噛むという意思決定を（意図をもって）おこなう。意図した目標が達成されるまで、オスカーは自分のレパートリーにあるネガティブな情動状態と相関するコミュニケーション信号（尻尾パタパタ、噛みつき、うなり声、ひっかき）を発信し続ける。

オスカーの尻尾パタパタは、彼の情動状態を正確に反映しているという意味で、正直な信号だ。しかし、動物はときに、不正直なコミュニケーション信号を意図的に生成する。あたかも自分自身や自分の情動状態、あるいは自分の思考について間違った情報を与え、相手を欺く意図をもっているかのように。

ニワトリがいい例だ。

『道徳の系譜』のなかでニーチェは述べた。「不幸な人は……地面に描かれた円のなかにいるニワトリのようなものだ。人は自分のまわりの枠の外に出ることができない」[*12]。この陰鬱な人生観は、ニワトリをひっくり返して目の前に線を引く（あるいは周囲を線で囲む）と、ニワトリはまったく動けなくなるという観察からきている。なぜだろう？　じつは、この反応は線とは無関係だ。ニワトリをひっくり返して地面に寝かせると、必ずこうなる。科学者たちが「緊張性不動（tonic immobility）」と呼ぶこの現象は、一種の死んだふりだ[*13]。オポッサムも脅威を感じると死んだふりをする。ひっくり返って舌をだらりと出すのだ。こうした行動は、ヘビ、クモ、昆虫、魚、鳥、カエルなどに広く見られる。死んだふりが効果を発揮するのは、ほとんどの捕食者は死んだ（したがって腐っているかもしれない）動物を食べるのを避けるためだ。死を装うことで、ニワトリは自分の腐敗に関する間違った情報を提供する。一種の欺き行動であり、こうやってニワトリは天敵を操作し、相手に食べることを思いとどまらせるのだ。

同じような行動が、地上で営巣する多くの種の鳥でも知られている。砂丘に巣を作るフエコチドリは、擬傷ディスプレイと呼ばれる行動を示す。巣に天敵が接近していることに気づくと、フエコチドリの母親は飛び立ってけたたましい声をあげ、巣から天敵の注意をそらして、代わりに自分に惹きつけようとする。そのあと、彼女は驚きの行動をとる。地面に舞い降りて、翼を引きずりながらぎこちなく歩き始めるのだ。まるで翼が折れたように見えるため、ほとんどの捕食者は、楽な獲物になるはずの「けがをした」鳥のあとを追う。だが、これは完全に演技だ。脅威が巣から十分に遠ざかると、彼女はけがの偽装をやめ、安全な場所へと飛び去る。

フエコチドリが進化させた擬傷ディスプレイは、きわめて巧妙な欺き行動だ。また、母親は天敵の行動を観察し、欺きが効いているかどうかを確かめるため、これは意図的な欺きの例とみなすことができる。だが、自然界にはさらに狡猾な詐欺師もいる。ひと握りの種が示す「戦術的欺き」と呼ばれる行動は、動物界に見られる、ヒトの嘘にもっとも近いものだ。戦術的欺きは、「通常のレパートリーのなかにある〈正直な〉行動を、異なる文脈に適用し、なじみのある他個体をミスリードする[*14]」行動と定義される。この定義は進化心理学者のリチャード・W・バーンとアンドリュー・ホワイトゥンによるもので、彼らはヒヒやその他の霊長類が示す欺き行動に関する一連の論文を発表し、この概念を知らしめた。ポイントは、たいていのケースでは正しい情報を伝達するのに使われるコミュニケーション信号を利用して、ほかの動物が誤解するように仕向けることだ。正しい情報、という部分が決定的な違いだ。フエコチドリの擬傷ディスプレイや、ニワトリの死んだふりは、最初から欺きを目的とした信号であるため、戦術的欺きの定義にあてはまらない。戦術的と呼べるのは、ある動物が正直な信号を欺きに利用し、信号の受け取り手に状況を誤解させようと意思決定をした場合だけなのだ。

戦術的欺きの事例は霊長類、イヌ、鳥などで知られているが、僕のいちばんのお気に入りは頭足類のトガリコウイカだ。頭足類は触手をもつ軟体動物のグループで、タコやイカからなるが、彼らはカタツムリやナメクジの親戚と聞いて僕たちが思うよりも、はるかに複雑な認知能力をもつことで知られる。トガリコウイカはイカの仲間で、オーストラリア東部沖に分布し、驚くほど複雑な社会生活を送っている。コウイカの大集団はじつに壮観だ。皮膚にある色素胞と呼ばれる色素の詰まった細胞は、電子書籍リーダーのEインクのように働き、彼らの体を高性能ディスプレイパネルに変える。複雑な模様や形状は、カモフラージュにもコミュニケーションにも利用される。一日の大半を通じて、オスのコウイカはふつう明瞭な縞模様を示し、メスはまだら模様を示す。

トガリコウイカの配偶行動の特徴として、オスはメスを誘惑している最中に劣位のほかのオスが近づくことを許さない。しかし研究者たちは、小型のオスが動物界でもまれに見る巧妙な戦術的欺きによって、優位のオスを出し抜き、警戒されることなくメスと交尾するチャンスを得るようすを観察した。

小型のオスは、メスを誘惑しているところを優位オスに見つかると、まずメスと優位オスの間の位置を確保する。そして信じられないような行動をとる。ライバルのオスに面している側の体の配色をメスのまだら模様そっくりに変化させ、メスに面している側は通常の縞模様を維持するのだ。これにより、大型のオスはただメスが二匹いるだけだと思い込み、小型オスは計画どおりに求愛を続ける。[*15] これが戦術的欺きであり、ただの欺きではないのは、信号そのもの（まだら模様）が通常はメスであることを意味する正直な信号であるからだ。さらに狡猾なことに、小型オスがこの行動をとるのは、優位オスが一匹の場合に限られる。ライバルが複数いる場合は、異なる視点から見られて企みがバレてしまうため、わざわざ面倒なことはしないというわけだ。戦術をいつ繰り出すか（ライバルのオスが一匹か複数か）を見極める能力があること自体が驚きだ。コウイカは周囲を積極的に観察し、状況に応じて欺き行動を調整する。このような戦術的かつ意図的な欺きとなると、これまで見てきたその他の形式の欺きと比べ、動物界での事例は極端に少なくなる。動物による戦術的欺きのなかで、みなさんが日常生活のなかで目撃する可能性があるのは、イヌによるものだけだろう。研究によれば、イヌはやりとりする相手の人間に餌を盗む癖があると知っている場合、好みではないほうの餌があるところに相手を誘導する。[*16] イヌは積極的に人間を騙して、自分がほんとうに食べたいほうの餌を獲得できる確率を上げるのだ。

この節で取り上げた動物のコミュニケーション戦略（意図的コミュニケーション、意図的欺き、戦術的欺き）はすべて、ヒトの嘘をつく能力の基本的な構成要素だ。にもかかわらず、嘘はこれらとはまったくの別物だ。嘘をつくには、高度な戦術的欺きをおこなう（コウイカなどの）動物にさえ備わっているとはかぎらない、いくつかの認知能力が必要だ。ヒトの嘘をつく能力と、ほかの動物の欺き行動を区別する、もっとも重要な要素の一つが言語だ。

ヒトの言語と動物のコミュニケーションの違いは僕の大好きなテーマだ。この話題だけで数百ページ書きたい衝動に駆られるのを何とか抑えて、ここでは説明をたった一つのシンプルな文章に凝縮してみよう。動物のコミュニケーションにおいては、少数の話題に関する情報を伝達する信号が利用されるが、ヒトの言語はありとあらゆる話題に関する情報を伝達できる。この簡潔な説明により、言語と動物のコミュニケーションの間に見られる構造的・機能的な差異についての長ったらしい議論や、ヒト科の類人猿が初期におこなったコミュニケーションからどうやって言語が進化したかという疑問を回避することができる。要するに、ヒトの脳内では何か違うことが起こっていて、そのおかげでヒトは特定のテーマについて無限に議論し続けられるのだ。

ヒト以外の動物のコミュニケーションは、ふつう個体自身の情動状態（例えば怒り）、身体的状態（例えばどの種であるか）、アイデンティティ（イルカは個体特有のホイッスルで自分がどの個体であるかを知らせる）、なわばり（イヌが樹に尿をかける）に関する情報を世界に知らしめるものだ。ときには環境中にある注目すべき対象物（プレーリードッグの警戒音声は、接近する捕食者の居場所、サイズ、色、さらには種についての情報を含む）に関するものもあるが、比較的珍しい。一方、ヒトは言語という媒体を通じ、文字どおり何もかもについて話す（そして嘘をつく）ことができる。第一章で見たとおり、ヒトの脳内には死んだ事実が山積みなので、言葉にさえできるならどんなテーマでも俎上に載せることが可能なのだ。

過去半世紀の間に、動物に表象的コミュニケーション体系を学ばせる多くの試みがなされた。それらの目的は、受動的な言語理解と能動的な言語を介した思考表出の両方に関して、動物たちの認知能力の程度を検証することだった。けれども、数十年にわたる努力にもかかわらず、学習した表象体系を利用して、きわめて基本的な話題を超えたより高度な内容を伝達することができた動物は、一頭たりともいない。言語学習ですばらしい成果をあげた、ゴリラのココ、ボノボのカンジ、イルカのアケアカマイといった個体でさえ、ごく限られた話題についてしか思考を共有することができなかった。能力がないからなのか、それとも興味がないだけなのかはさておき、動物はヒトと違って、表象体系を使って単語や文章を生成し、際限なく表現することに興じたりはしないのだ。

言語を介した無限の表現力は、ヒトが嘘つきに関して市場を独占するに至った決定的要因の一つだ。

けれども、次に見ていくが、これよりもさらに本質的なスキルがもう一つある。このスキルを言語と併用することで、僕たちは地球上でもっとも巧妙な詐欺師になったのだ。

## 思考を操作する

なぜヒトがこれほど優秀な嘘つきであるのかを理解するために、まずは嘘そのものを明確に定義しておこう。

嘘とは、ほかの生物に事実に反することを信じさせ行動を操作するという明確な目的をもって、その生物に意図的に虚偽の情報を伝達する手段のことである。

ヒトは嘘をつくとき、標的とした相手の行動だけでなく、信念をも変えようという意図をもっている。これこそが重要な特質であり、僕たちのユニークな点だ。誰かの信念を操作するには、第一にほかのヒトや動物に信念があり、心のなかに思考や感情、欲求や意図が渦巻いていることを知って（少なくとも推測できて）いなければならない。ヒトはいとも簡単にこれをやってのけ、だからこそ僕たちは、ときに心をもたないとわかっている無生物に対してさえ、心があるかのように接してしまう。ゲイリー・ロス・ダウルは、この奇妙なヒトの心性につけこんで一九七〇年代に巨万の富を築いた。ダウルは「ペット・ロック」の発明者だ。空気穴をあけた段ボール箱に麦わらが敷かれ、その上に鎮座するのは小さな石。石を「ペット」と呼んだだけで、人々は奇妙なことに、石が感情や欲求やニーズをもつ生きものであるかのように大事にし始めた。あまりに突飛で、あまりに人間的な行動だ。

ヒトは常に、ほかの生きものがなぜある行動をとるのかを考え、その生きものの頭のなかにある思考を推測して、将来の行動を予想している。「なぜ」のスペシャリストならではの因果推論と密接に結びついた行動だ。例えば、僕が「なぜうちのネコはいま、ニャーニャー鳴いているのだろう？」と考えたとする。さて、答えは？　彼は僕に玄関のドアを開けてほしいのだ。ネコが何を求めているかを推測する僕の能力は、「心の理論」と呼ばれる（「マインドリーディング」や「心的状態アトリビューション」ともいう）。僕たちは、ほかの生きものの心のなかで何が起こっているかを予測する理論やモデルを構築する。[*17] これにより、生きものがなぜある行動をとるのかを考え、その生きものの頭のなかにある目的、欲求、信念をできるかぎり推測し、それに基づいて答えを導き出すことができる。

心の理論を用いた信念操作により、僕たちはほかの生きものの行動を変化させる試みを高度にコントロールすることができる。ハイエナに追われているところを想像しよう。心の理論を用いて、ハイエナが追いかけてくるのは空腹だからだろうと推測できれば、ハイエナにハムサンドイッチを投げてみようという発想が生まれる。そうすれば、あなたの代わりにサンドイッチを食べてくれるかもしれない。ほとんどの動物にこんな手は思いつかない。彼らはハイエナの動機など想像せず、ただ逃げ隠れするだけだ。

ヒトは心の理論をもつ、地球上で（唯一ではないにしても）ほんのひと握りの動物の一つだ。研究者たちは四〇年にわたり、ヒト以外の動物が他者の信念や動機に関する何かを理解している証拠をあぶり出すため、実験デザインに試行錯誤を重ねてきた。[*18] この文章を書いている時点で、ヒト以外の動物に心の理論があることを示す有力証拠は、「誤信念課題」と呼ばれるテストに基づいている。これは、ほかの動物（またはヒト）が周囲の状況について事実と異なる信念をもっていることを、ある動物が理解しているかどうかを判断する実験だ。僕たちの親戚である大型類人猿では、このような能力を示唆する証拠が豊富に得られている。数種の類人猿（チンパンジー、ボノボ、オランウータン）を対象に、ヒトの実験者は事実に反する情報を信じることがあると彼らが理解できるかどうかを検証した、有名な実験を紹介しよう。類人猿たちは窓越しに、彼らの注意を惹きつけるように特別に考案された、ドラマチックな光景を目撃する。[*19] 窓の外には二つの巨大な干草の塊が置かれ、ゴリラの着ぐるみを着たひとりの実験者が立っている。そこへ別の人が扉を開けて出ていき、「ゴリラ」と対面する（直後の乱闘シーンは、大型類人猿にとっては目を離せない光景だ）。そのあとゴリラは、人が見ている目の前で片方の干草の後ろに隠れる。人は部屋に戻り、ゴリラを叩きのめすための長い棒をとってくる。けれども人が部屋にいる間に、ゴリラは干草の裏から這い出して逃げていく。このシナリオにおいて、人はゴリラが逃げるところを見ていないので、ゴリラはまだ干草の裏にいるはずだという誤った信念をもっている。すべての顛末を見ていた類人猿にもし心の理論があるなら、人がゴリラを探して間違った場所、つまりこの人物が最後にゴリラを見た場所である干草の裏を確認すると予測するはずだ。研究者たちは視線追跡装置を利用して、棒を持った人が戻ってきたときに実験対象の類人猿たちがどこを見ていたかを特定した。この結果、類人猿の視線の大部分は（ゴリラが逃げた方向ではなく）ゴリラが隠れていた干草に集中していた。この結果は、人は（ゴリラの居場所について誤った信念をもっているので）干草の裏を探すはずだと、類人猿が理解していたことを示唆する。類人猿が心の理論をもっている有力な証拠であり、ゴリラしばき棒を持った人間が状況についてどんな信念を抱いているか、類人猿は根拠に基づいて推論したと考えられる。

他者が誤った信念をもちうること、そうした信念に基づいて行動しうることを理解する能力は、動物界にはきわめてまれで、大型類人猿と一部のカラス科の鳥（ワタリガラスやアメリカカケスなど）に限られるようだ。他者が誤った信念をもちうることの理解は、ヒトが有能な嘘つきになれた理由の根幹をなす。わずかな例外を除いて、ほとんどの動物はこの能力を欠いているらしいという事実は、他者の思考を予測し操作する点において、人類がきわめてユニークであることを裏づける。ほとんどの動物は、ほかの動物が次に何をするかを予測するのに、心の理論ではなく視覚的手がかりを利用する。イヌが歯をむき出しているのを見たら、噛みついてきそうだと予測できる。これは単純に、歯の露出というコミュニケーション信号と、次に起こる可能性がもっとも高い行動（つまり噛みつき）の結びつきを学習した結果だ。イヌが怒っているとか、イヌがあなたに噛みつきたがっているとか、イヌはあなたを脅威だと思っているといった推測は必要ない。これは行動リーディングであり、マインドリーディングとは異なる。この章で見てきたヒト以外の動物による欺きの例はすべて、意図したターゲットの思考ではなく行動を操作することを目的としたものと解釈できる。身の回りの動物を観察して、動物たちがあなたに働きかけるのは、あなたの思考・信念・感情について推測しているからなのか、それともあなたの表面的な行動に反応しているだけなのかを考えてみよう。違いを見分けるのは難しいはずで、だからこそ、四〇年にわたって実験を重ねてきたにもかかわらず、研究者たちはまだ、ヒト以外の動物に心の理論があるかないかを断言できずにいる。

一方、ヒトの行動を観察すれば、コミュニケーション信号の送受信の根幹に心の理論があることは明らかで、僕たちの行動の理由の多くはこれで説明できる。チャーリー・チャップリンの無声映画をほんの数分見るだけで、ヒト以外の動物の行動には見られないような、心の理論（と嘘）の証拠をいくらでも発見できる。例えば、チャップリンがあさっての方向を指さして注意をそらし、相手からパンを盗む場面がそうだ。ごく単純な欺きに見えるが、このような行動が可能なのは、チャップリンが指さしによって、手元のパンよりも重要な見るべきものがその方向にあると相手に信じさせることができると知っているからにほかならない。チャーリー・チャップリンの映画では、次から次へと心の理論が実践される。僕たち鑑賞者がそれを楽しめるのは、チャップリンの心のなかで何が起きているか、すなわち彼の欲求や信念や行動の理由を推測できるからだ。それも、一言も言葉を発することなしに。

　しかし、言葉が加わると、ヒトの嘘つきの能力は異次元へと飛躍する。心の理論と言語の相乗効果によって、ラッセル・オークスのような天才的な詐欺師が生まれるのだ。言語は欺きの手段として完璧だ。実際、一部の進化生物学者は、言語はもともと高度な欺きを実現するものとして進化したとさえ考えている。[20] 言語がなぜ、どのように進化してきたにしても、ヒトは言語と心の理論を駆使して絶え間なく互いを欺いてきた。次の節で見ていくように、嘘をつく能力と傾向はヒトの本質的な特徴の一つだ。しかしながら、相手が真実を語っているという前提に立つこともまた、人間の本性に組み込まれている。この歪（いびつ）なミスマッチが、僕たち人類に途方もない規模の社会問題をもたらす。ヒトという種の絶滅につながりかねないほどの大問題を。

## 騙された!

シカゴの弁護士だったレオ・コレッツは、不動産投資取引の才覚に長け、莫大な利益をあげていた。[*21] 一九一七年当時、コレッツはバヤノ川企業連合の取締役として、パナマのジャングルに五〇〇万エーカーの土地を所有し、大量のマホガニー材と年間数百万バレルの原油の輸出を手がけていた。コレッツは投資家の間に熱狂を巻き起こし、彼らは年間利回り約六〇%のバヤノ株を競って買い求めた。

どんな投資であれ、年間六〇%のリターンは驚異的というほかなく、現代でもそうであるように、一九二〇年代の投資家たちの多くは、法外な利益を謳うこの投資マネージャーに懐疑的だった。なにしろコレッツが活躍したのは、チャールズ・ポンジが悪名を轟かせた時代だ。ポンジは同様の高利回りを謳い、投資家たちから数百万ドルを騙(だま)しとった。ポンジスキームは単純ながらエレガントな詐欺の手口であり、新たな投資家がつぎ込んだ資金を、既存の投資家への配当金に回す。常に新たな投資家が参入し続けることが前提であり、この流れが途絶えた瞬間、既存の投資家が期待する利回りの原資も失われる。だが、自身の企みが頓挫しないよう膨大な数の人々を投資に勧誘したポンジに対し、コレッツは人を選ぶことで有名だった。彼が設けた基準に満たないと判断された投資家たちは、決まって小切手を突き返された。

機会を得たひと握りの投資家たちは、巨額の資金を投じ、かなりの利益を手にした。彼らは冗談でコレッツを「われらがポンジ」と呼び、コレッツを詐欺師かもしれないと疑うことがいかにばかげているかを内輪ネタとして楽しんだ。ポンジの被害者たちと違って、コレッツの顧客は実体のあるものに投資していた。パナマのパイプラインや石油タンカーだ。彼らはパイプラインの設計図や、石油タンカーの売買契約書の実物も目にしていた。コレッツは本物だと、誰もが思っていた。

一九二三年一一月、資産を直接視察しようと、バヤノ株の投資家一行がパナマ行きの蒸気船に乗り込んだ。彼らはシカゴの厳冬を逃れ、新たな富の源泉であるパナマの油田を自身の目で見ることを楽しみにしていた。だが、パナマシティでバヤノ川企業連合のオフィスを探して数日を過ごすうち、投資家たちの脳裏に疑惑がよぎるようになった。誰と話しても、バヤノやレオ・コレッツのことなど聞いたこともないというのだ。やがて彼らは、同じくシカゴ出身で、パナマに土地を所有する別の投資会社に勤めるC・L・ペックという人物にたどり着いた。投資家たちは、コレッツに渡された、バヤノがパナマに所有しているはずの土地の地図をペックに見せた。「みなさん、わたしが思うに、あなたがたは騙されています」と、ペックは言った。土地のほとんどはペックの会社が所有していた。ゲームオーバーだ。

やがて、バヤノ川企業連合は投資財産を一切所有していないことが判明した。コレッツの言葉はすべて嘘だったのだ。コレッツはただポンジスキームを回していただけだった。彼の腕前はポンジ以上で、ポンジが騙しとったのは二〇〇〇万ドルだったのに対し、コレッツは三〇〇〇万ドルを詐取した。投資家たちはさまざまな不審点に気づき、ジョークのネタにまでしていたが、それでもやはり騙された。いったいなぜ？

「わたしたちは生まれつき騙されやすくできている」と、『騙されるヒト：真実デフォルト理論と嘘と欺きの社会科学（Duped: Truth-Default Theory and the Social Science of Lying and Deception）』の著者であるティモシー・R・レヴィンは述べる。アラバマ大学バーミンガム校でコミュニケーション学特別教授を務めるレヴィンは、FBIやNSAから研究助成を受け、ヒトがつく嘘の研究にキャリアを捧げてきた。レヴィンの著書によれば、嘘をつく能力と傾向を明らかに備えているにもかかわらず、僕たちヒトは聞いたことをそのまま真実と受け取るようなデフォルト設定をもっていて、レヴィンはこれを「真実デフォルト理論(TDT)」と呼ぶ。「TDTはわたしたちに、受信したコミュニケーションを基本的に無批判に真実として受け取るように仕向けるが、たいていの場合、これはわたしたちにとってプラスに作用する」と、彼は述べる。「他者を信用する傾向はヒトの進化が生み出した適応であり、効率的なコミュニケーションと社会的協調を可能にする[*22]」

種の特徴として、ヒトは生まれつき相手を信じやすく、また嘘つきだ。この二つの形質の組み合わせ、すなわち嘘をつく能力と嘘を見破る能力の歪なミスマッチのせいで、ヒトはヒトにとって危険な相手となる。

## 生まれつきの詐欺師

欺きの能力に関して、ヒトとほかの動物は一線を画す。僕たちは「なぜ」のスペシャリストであるおかげで、頭のなかに世界のしくみに関する膨大なアイディア(死んだ事実ともいう)をため込んでいて、嘘をつくための話題を無限に選び出すことができる。また、僕たちには言語というコミュニケーション手段があるため、こうした死んだ事実を言葉にして、他者の思考のなかに忍び込ませることもできる。さらに、僕たちはそもそも他者に心があることや、他者の心のなかに世界についての信念(何が真実か)

があることを理解し、したがって心を欺いて虚偽情報を信じさせることができると知っている。しかもレヴィンが指摘するように、僕たちは虚偽情報を見抜くのがひどく下手だ。こうした条件が合わさると、これから見ていくとおり、嘘つきの詐欺師がカモだらけの世界で大成功を収めるシナリオが浮かび上がる。ラッセル・オークスがそうだったように。

通説によると、ヒトは平均で一日に一つか二つ言葉で嘘をつく。[*23] だが、これは集団全体の平均の推定値だ。一〇人中六人はまったく嘘をつかない（これ自体がおそらく嘘だが）と言い張る一方、ほとんどの嘘は少数の病的虚言癖者によるもので、彼らは平均で一日に一〇個の嘘をつく。[*24] ヒトは歳を重ねるほど嘘をつかなくなるが、これは道徳観の成熟によるものではなく、むしろ認知能力の低下に伴い、自分の口から出たでまかせを覚えておくという知的エクササイズに耐えられなくなるせいらしい。[*25] 嘘を生み出すには話題について熟考し、集中を維持する必要がある。だからテレビドラマで取り調べをする刑事たちは、容疑者に矢継ぎ早に質問を浴びせ、思考のスピードが追いつかなくなった相手が思わず真実を口走るのを待つのだ。[*26]「ワインに真実あり」と言われるのも同じ理由だ。アルコールは一種の自白剤のように働き、高次の思考が阻害されることで人は嘘をやめ本音を打ち明けやすくなると考えられる。

子どもは言葉を話し始めた（そして心の理論が出現した）とたん、通常二〜四歳で嘘をつき始める。[*27] 箱のなかに楽しいおもちゃが入ってるけど、覗いちゃだめだよと子どもに言い聞かせて部屋を出ると、出身に関係なく、ほぼすべての子どもは箱のなかを覗き、あとで尋ねると覗いてないと嘘をつく。[*28] たくさんの研究が示すとおり、幼い頃のたわいもない嘘は全人類に共通だ。思春期に入ると、嘘はさらに増えてくる。米国のある調査によれば、ティーンエージャーの八二％は過去一年間に友人、アルコールや薬物、パーティー、金銭、恋愛、セックスについて親に嘘をついていた。[*29] 実家を出た若者たちは、嘘をつく相手を親から恋人に切り替える。大学生の九二%は、肉体関係にある相手に、自分の過去の恋愛経験にまつわる嘘をついていた。[*30] 嘘がこれほどありふれているのは、ひとえに効果的だからだ。ほとんどの人は嘘を信じてくれるので、嘘をつくことは世渡りにおおいに役立つ。

嘘をさらに突き詰めれば、もっと優位に立つことができる。デタラメを言うのだ。デタラメ(bullshit)はれっきとした学術用語だ。哲学者ハリー・フランクファートによる二〇〇五年の著書『On Bullshit』[訳注:『ウンコな議論』(筑摩書房、二〇一六年)]をきっかけに広く知られるようになり、いまでは学術文献のなかで、根拠や真実性を意識することなく他者を感心させる意図をもっておこなわれるコミュニケーションを指す言葉として使われている。[*31] デタラメと嘘は同一ではない。嘘は他者の行動を操作する意図をもって意識的に虚偽情報を作り出すことだ。一方、デタラメを言う人は、自分の発言が正確であるかどうかを知らないし、気にもとめていない。彼らが重視するのは、コメディアンのスティーブン・コルベアが言うところの「真実っぽさ(truthiness)」、つまり実際に真実であるかどうかはさておき、真実のように思えたり感じられたりする響きのほうだ。[*32]

デタラメは人間社会の営みを滞らせ、混沌と混乱の種をまく、ネガティブな行動に思える。ところが、デタラメは進化を通じて形成されたスキルであるかもしれないと示唆する証拠がある。デタラメを垂れ流す能力は、他者に対して自身を知的な人物に見せる信号として働く可能性があるのだ。学術誌『進化心理学(Evolutionary Psychology)』に最近掲載された論文によると、ボードゲームの「バルダダッシュ(Balderdash)」でやるように、自分が知らない概念についてもっともらしい(だが間違った)説明をでっちあげることに長けた実験参加者は、認知能力テストで高い成績を収める傾向にあった。つまり、デタラメを吹聴することと賢さには正の相関があるのだ。論文著者たちは次のように結論づけている。「もっともらしいデタラメを生み出す能力は、エネルギー効率よく他者を関心させる方法としても、また知性を示す正直な信号としても、個人が社会システムのなかで生き抜いていくうえで役に立ったのかもしれない」[*33]。要するに、デタラメを言う人は、言わない人と比べてもう一つの点で優位に立てる。彼らは真実かどうかを気にして時間を浪費せず、正確さを心がける代わりに、信じてもらうことだけにエネルギーを集中させることができるのだ。

心理学者のクラウス・テンプラーは、有害で不誠実な人々（つまりデタラメを垂れ流す人々）が、正直で善良な人々を押しのけて企業や政治の世界でのし上がるように見える理由に興味をもった。デタラメを言う人は社会から罰せられたり、つまはじきにされたりするはずだと思うのはもっともだ。ところが、現実には真逆のことが起こっていた。テンプラーは大企業七社の社員一一〇人に、自身の政治力、すなわち他者とのコネを築き他者に影響を与える能力をどう自己評価しているか質問した[*34]。また、同じ質問を彼らの上司にも回答してもらった。さらに社員に性格テストに回答させ、彼らの誠実さと謙虚さを評定した。驚くにはあたらないが、誠実さと謙虚さで低得点だった社員（すなわち、恥知らずな嘘やデタラメを吹聴する確率が高い人々）ほど、自分の政治力を高く評価した。他者評価でも傾向は同じで、上司は不誠実な社員をもっとも政治力に長けているとみなした。だが重要なのは、上司が不誠実な社員を、誠実で謙虚な同僚よりも有能とも評価していたことだ。これにより、デタラメを言い連ねることにもっとも長けた人物が、もっとも有能とみなされ、ほかの人よりも出世して権力の座につくという筋書きが現実味を帯びる。彼らは嫌われ者だし、客観的に見てろくでもない人間だが、それでも僕たちは彼らの政治力と社会的スキルに一目置いている。「こうした扱いにくい性格には、ときに利用価値があることも忘れてはならない」と、テンプラーは『ハーバード・ビジネス・レビュー』誌で述べている。[*35]「有能な上司はこうした人物を活用しつつ、彼らがほかの社員に与えるダメージを最小化する方法を見いだすものだ」

嘘、嘘つき、デタラメは、どうやらビジネスの役に立つらしい。それだけでなく、国家にとっても有用だ。超大国のなかに、プロパガンダを生産し拡散することに特化した政治組織をもっていない国などあるだろうか? ロシアの企業であるインターネット・リサーチ・エージェンシー（Агентство интернет-исследований）は、二〇一三年以降ネット上に偽情報をまき散らしてきた。[*36]一〇〇〇人以上の社員を擁する同社は、ロシア企業やロシア政府の利益を最大化するような、虚偽のオンラインコンテンツを生み出し続けている。彼らが得意とするやり方を、政治学者のナンシー・L・ローゼンブラムとラッセル・ミューアヘッドは「嘘の消火ホース（firehose of falsehood）」と呼ぶ。矛盾する情報をできるかぎり頻繁に、できるかぎり多くのソーシャルメディアアカウントから発信することにより、意見の不一致があるような印象を作り出すというものだ。[*37]同社は二〇一六年の合衆国大統領選挙への介入をめぐって米国政府から起訴されており、起訴状によれば、「候補者および政治制度全体に対する不信感を植えつけた」[*38]とされる。二〇二一年一月六日に起こった米国会議事堂襲撃事件を考えれば、同社の戦略はきわめて効果的だったと言わざるを得ない。これ以前にも、インターネット・リサーチ・エージェンシーは二〇一三年以降、反ワクチン論争に燃料を投下する継続的キャンペーンをおこない、効果的に米国の健康医療制度への不信感を植えつけたことが、研究から明らかになっている。[*39] ギャラップの二〇二〇年の調査によれば、子どもに予防接種を受けさせることは重要だと考える米国人の割合は八四％にすぎず、二〇〇一年の九四％から大幅に低下している。[*40]

嘘の消火ホースは、典型的なデタラメの実践利用だ。インターネット・リサーチ・エージェンシーで働くハッカーたちはおそらく、ワクチン研究の詳細に精通してはいないだろうし、米国の選挙制度をすみずみまで知りつくしてもいないだろう。だが、そんな必要はないのだ。彼らの目的はネット上にデタラメをばらまき、こうした情報で米国の一般大衆を混乱させることだ。彼らは真実や正確性には何の関心もない。彼らの意図は、米国内に不和の種をまき、相対的にロシアを優秀かつ魅力的に見せることなのだ。

進化生物学者のカール・T・バーグストロムと情報科学者のジェヴィン・ウエストは、ワシントン大学で「デタラメの見破り方（Calling Bullshit）」と題した講義を担当し、同じタイトルの著書も刊行した［訳注：『デタラメ――データ社会の嘘を見抜く』（日経ＢＰ、二〇二一年）］。彼らの講義と本は比較的気軽なもので、「水晶玉とホメオパシーにハマったおばさんやカジュアルに人種差別をするおじさんにも理解でき納得してもらえるやり方で、そんな話はデタラメだと説明する」[*41] ことを目的に掲げる。だが、彼らは「インターネット時代に氾濫するデタラメが人類文明にもたらす脅威について、率直に警鐘を鳴らしてもいる。「デタラメを適切に見破ることは自由民主主義の存続に不可欠だ。民主主義は常に有権者の批判的思考をよりどころとしてきたが、フェイクニュースが氾濫し、外国勢力がソーシャルメディアでプロパガンダをばらまいて選挙プロセスに介入する現代において、かつてないほど重要さを増している」[*42]

と、彼らは言う。

フィンランドはこうしたデタラメ問題に一〇年近くも悩まされてきた。ロシア発のフェイクニュースの絨毯爆撃を受けたあと、フィンランドは二〇一四年に教育制度を再編し、生徒たちにメディアの嘘を見抜く方法を教えるようになった。「積極性と責任感を備えた市民および有権者を育てることが目的です」と、カリ・キヴィネンは『ガーディアン』紙に語っている。[*43] キヴィネンはフランス政府とフィンランド政府が共同運営するヘルシンキの公立学校HRSKの校長であり、以前にはEUの中等教育を管轄する政府間組織ヨーロピアン・スクールズの事務局長も務めた。「批判的思考やファクトチェック、そしてメディアを問わず目にするすべての情報を適切に解釈し評価する能力は必須です。これらを教育プログラムの中心に据え、教科の壁を超えて教えています」

成果はあがりつつある。各国のフェイクニュースへの耐性を数値化したメディアリテラシーインデックスの二〇一九年版で、フィンランドは他国を大きく引き離してトップに立った。[*44] ここから以下の教訓が得られる：個人であれ国家であれ、デタラメを見抜く力を高めたいなら、総合的かつ長期的な取り組みを通じて、見聞きしたことすべてを信じてしまうデフォルト設定を克服しなくてはならない。だが、少なくとも不可能ではないのだ。こんなふうにデタラメが氾濫する世界にあっても。[*45]

## 嘘つきの能力はヒトの弱み、それとも強み？

フエコチドリや死んだふりをするニワトリを見てのとおり、多くの動物は他者を欺くことができる。

さらに一部の動物は、ひそかにメスを誘惑するコウイカのように、戦術的に欺くことさえできるらしい。だが、僕たちにもっとも近い親戚である霊長類の欺きの能力でさえ、無限に嘘とデタラメをまき散らすヒトに比べれば足元にも及ばない。僕たちの嘘は、言語、心の理論、因果関係の探求というユニークな能力の賜物だ。

この事実をどう理解すればいいのだろう？ 僕たちが嘘つきになれるのは、ある意味ではいくつもの能力が一つに収束した結果であり、並外れた頭脳の働きの証左だ。詐欺師になれるのはヒトだけだし、うまく嘘をつく（あるいはデタラメを際限なくばらまく）能力がヒトという種のなかで社会的（および経済的）成功と正の相関を示すのも、すでに見てきたとおりだ。

だが、俯瞰で見てみると、ヒトの嘘をつく（そしてデタラメを生み出す）能力には、利点を帳消しにしかねないダークサイドがあることに気づく。疑わしい、混乱を招く、あるいは虚偽の情報は、国家がバックアップする嘘とデタラメという形で拡散し、これまでに無数の人々の命を奪ってきた。ニーチェの時代に跋扈したナチスの反ユダヤ主義プロパガンダから、ロシアのインターネット・リサーチ・エージェンシーが現在進行形で流布させる反ワクチンのメッセージまで、デタラメの氾濫は多くの死を招く。

デタラメが最小限に抑えられ、社会や為政者の判断が、何が真実で何が嘘かという基本的現実に基づいておこなわれるような世界は、僕たちの憧れだ。フィンランドはこんな世界を期待し創造することを子どもたちに教えるという、すばらしい偉業をなしとげた。カール・セーガンはデタラメを見破り駆逐する自身のテクニックについて、一九九五年の著書『悪霊にさいなまれる世界』で「〝トンデモ話〟を見破る技術」と題した一章を割いて雄弁に語った。社会心理学者のジョン・ペトロチェリは最近、『科学の力でデタラメを見破る（The Life-Changing Science of Detecting Bullshit）』という著書を上梓し、現代のデタラメを看破し対抗する方法を説いた。デタラメを見破り、撲滅するためのツールは、かなり昔から僕たちの目の前にある。問題は、ほとんどの人にはこうした道具を手にとる気がまるでないらしいことだ。

理由は単純だ。ヒトは進化を通じ、嘘つきとしてデザインされてきた。しかも奇妙なことに、僕たちは嘘つきのくせに騙されやすい。これは人類に特有の問題だ。すでに見てきたように、他者を欺くことができる動物はヒトだけではない。昆虫からコウイカまで、ほかの動物も虚偽情報を含むコミュニケーション信号を生成することができる。一部の種は他者を欺く意図さえもっている。しかし、人類は欺きの意図、つまり他者の信念を操作して嘘をつくことを、社会的認知能力の根幹に組み込んでしまった。すべてうまくいけば、僕たちは世にはびこる偽情報を警戒し、その被害を抑制する方法を子どもたちに教えることができるだろう。だが、嘘をつき、嘘を信じるヒトの能力を消し去ることはできない。二足歩行の能力をいまさら取り消せないのと同じで、それはヒトの本質の一部なのだ。

人類がデタラメと有害な嘘を撲滅した世界を想像するのはSFの領域だ。心の理論、言語、因果関係の探求という能力を獲得したときから、ヒトは嘘をつき、デタラメを語り、正体を偽ってポニーの去勢をする種への道を歩み始めた。恵まれた認知能力の避けられない副産物だったのだ。科学的思考を奨励し、ダメージを最小限に抑えることはできる。だが、科学の世界の住人たちもまた人間であり、ときにはデタラメの誘惑に負けてしまう。

動物たちが棲む世界では、欺きはコミュニケーションシステムのごく一部を占めるにすぎない。そこでは正直を標準とするバランスが保たれている。それに、動物が嘘をついても、結果は悲惨というよりかわいいものだ。コウイカの逢引、ニワトリの催眠、チドリの仮病のように。これに対し、ヒトは嘘をつき、騙されるようにできている。この危険な組み合わせが、僕たちをいままさに闇へ導こうとしている。フィンランドなどの国々は、国家をあげて積極的に方向転換をはかっている。一方、動物たちに方向転換は必要ない。すでに自然淘汰がデタラメの蔓延を防ぐようなコミュニケーションシステムを完成させているからだ。僕たち人類は、嘘つきの能力と生まれつきの騙されやすさから生じた自滅的問題に対し、新たな解決策を見つけなくてはならない。消火ホースから放たれる嘘の洪水がヒトという種を地球上から消し去る前に、僕たちは自分を自分自身から救い出せるだろうか？

# 第3章● 死の叡智

## ——未来を知ることのマイナス面

すべての存在に等しく確実に訪れる唯一のものが、人類にほとんど何の影響も与えず、誰ひとりとして「われら死の同胞団」などと自称しようと思わないのは、なんと奇妙なことだろう！

――ニーチェ[*1]

二〇一八年七月二四日、タレクアは二〇歳で娘を出産した。満期出産だったが、赤ちゃんは誕生後すぐに死亡した。通常の状況なら、その場にいる専門家が死因を確定させる。だが、彼女の置かれた状況は特殊だった。

赤ちゃんの死の直後にタレクアは、まもなく全世界を駆けめぐることになる行動をとった。彼女はわが子の遺体を自分の行く先々に連れ回したのだ。彼女はこれを数週間にわたって続け、目撃者たちは「悲嘆の旅」[*2]と呼んだ。旅の最中、彼女はほとんど食事をしなかった。彼女が眠っている間は、家族のほかのメンバーが交代で赤ちゃんを運んだ。「彼女の家族は仕事を分担していました……運んでいたのは彼女だけではなく、交代でやっているようでした」と、顛末を見届けたジェニー・アトキンソンは言う。[*3]

世界じゅうの報道機関がワシントン州シアトルに記者を送り、タレクアの悲嘆のときを見届けた。人々は国境を超えて彼女に同情を寄せた。ある人は詩を書き、またある人は赤ちゃんを運ぶ彼女の絵をツイッターに投稿した。『ニューヨーク・タイムズ』紙には論説記事が掲載され、悲嘆に暮れる母親の姿を目の当たりにした人々がこの共有された痛みとどう向き合うべきなのかを、作家のスーザン・ケイシーが綴った。

二〇一八年八月一二日、一七日にわたる旅のあと、タレクアはついにわが子を手放した。娘の遺体は太平洋の水底へと沈んでいった。数日後、ワシントン州フライデーハーバーにある鯨類研究所の研究チームは、タレクアが悲劇を乗り越えたことを確認した。彼女はもとの暮らしに戻り、サンフアン島沖でサケを獲った。

もうおわかりだろうが、タレクアはヒトではない。彼女は海の殺し屋として知られる大型のハクジラ類、そう、シャチだ。ちなみにジェニー・アトキンソンも単なる目撃者ではなく、ワシントン州の鯨類博物館の館長として、前例のないこのできごとを見守った。イルカがこうした行動をとった例は、査読付きの学術論文として多数報告されてきた。母親が自身の新生児の遺体を吻（くちばし）に乗せて運び、絶え間なく体を水面に押し上げ続けるというものだ。イルカは病気や高齢の家族にもこのような世話をおこない、体を水面に近づけて呼吸を助ける。だが、子の運搬はふつう数時間しか続かない。だからこそタレクアの一七日間にわたる服喪は異例だった。わが子を水面に浮上させることにかかりきりだった数週間、ほとんど絶食状態だった彼女は見るからにやせ細っていった。私情を挟まず動物を観察する訓練を受けた科学者たちでさえ、これには動揺を隠せなかった。「泣いてしまいました」と、ワシントン大学保全生物学センターの研究員であるデボラ・ジャイルズは語る。「まだ赤ちゃんを連れて泳いでいるなんて信じられません[*4]」

多くの新聞記者は、タレクアの行動は「哀悼」の一例であり、動物が「悲嘆」を示す異論の余地のない証拠であると論じた。記事に頻出した「服喪」や「葬儀」といった言葉は、ふつうヒトに特有で動物にはあてはまらないとされる、死の概念の理解（およびそれに対する反応）と緊密に結びついている。しかし、動物行動学者の間には、死んだ子どもの運搬を悲嘆のあらわれとみなすのは擬人化であり、人間的な情動や認知を十分な根拠なしに動物に付与しているにすぎないという意見もある。動物学者のジュールズ・ハワードは『ガーディアン』紙の記事のなかで、「わたしたちは人間的情動をあまりに気ままに、科学的な厳密さを無視してほかの動物にも備わっていると信じ込み、結果的にその実在性、影響力、観察可能性を希釈している」[5]と論じた。

とはいえ、僕はこの章で擬人化の落とし穴について議論したいわけではない。注目したいのは、ヒト以外の動物にとって死が何を意味するのかという具体的な問題のほうだ。明らかに、動物にとって死は何らかの意味をもっている。タレクアにとってそうだったように。でも、どんな意味を？　これからこの問いの答えを探しに行こう。この章の終わりには、人類がタレクアやその他の動物たちよりも深いレベルで死の意味を理解していること、だからこそ「悲嘆」や「哀悼」といった言葉は僕たちヒトの行動にだけ使うべきであることを確信できるはずだ。しかし、僕たちの前にはさらに大きな問いが立ちはだかる。はたしてヒトは、死を理解できるおかげで、ほかの種よりもよい生を送れているのだろうか？

## 死の叡智

動物は死について何を知っているのだろう？　ダーウィンもこれについて考え、『人間の由来』のなかでこう問いかけた。「牛たちが死にかけた、あるいは死んだ仲間を取り囲んでいわくありげに眺めているとき、彼らは何を感じているのだろう？」[6]約一五〇年後、人類学者のバーバラ・J・キングは著書『死を悼む動物たち』を上梓し、分類上の垣根を超えたさまざまな動物たちが、社会集団の仲間や家族のメンバーの死に際し、タレクアと同じように反応した膨大な事例をまとめあげた。彼女があげた例のなかには、僕たちが知的と考えがちな動物（イルカなど）もいれば、そうではない動物もいた。「ニワトリは、チンパンジー、ゾウ、ヤギと同じように、悲嘆の能力をもつ」[7]と、キングは述べる。

動物が死について何を知っているか（そしてどのように死を悼むか）という問いは、動物がもつ死に関する知識の科学的な解明を試みる分野である、比較死生学のテーマの一つだ。[*8] 比較死生学者が探究する問いは、動物が生きているものと死んでいるものをどう見分けるのかや、動物にとって死が何を意味するかといったものだ。例えば、アリも死について多少の知識をもっている。死んだアリはネクロモンと呼ばれる、死体の分解が始まったことを示す化学物質を放出するためだ。死んだアリのネクロモンを嗅ぎつけたほかのアリは、死体を運び、巣穴の外に捨てる。だが、この死体運搬反応（ネクロフォレシス）は、生きたアリにネクロモンを浴びせても引き起こすことができ、噴射を受けたアリがいくら大暴れしても、ほかのアリたちはかまわず外に運び出す。ここから、アリがもつ死についての知識はあまり高度なものではなく、ごく限られた方法で認識しているにすぎないとわかる。

一方、僕たちにもひと目でわかる形で死に対して反応を示す動物もいる。新生児の死体を運ぶのはイルカに限った話ではなく、ほとんどの霊長類でも頻繁に観察されてきた。母親は赤ちゃんの死体を数日から数週間にわたって連れ歩く。これに加えて、しばしばヒトの目には悲嘆と映るような行動をとる。他個体との接触を避け、悲しげに鳴き、そして「食べたり眠ったりしなくなる」と、バーバラ・キングは述べる。[*9] だが、こうして観察されるものがほんとうに悲嘆だったとしても、それは死の理解と同義ではない。

ウィーン獣医大学のスサナ・モンソ博士は、動物がもつ死の概念を研究テーマとする哲学者だ。彼女によれば、「悲嘆は必ずしも（死の概念を）示すものとはかぎらない。悲嘆が示すのは、死んだ個体に対する強い情動的愛着だ[*10]」。このように考えれば、動物の死の理解の複雑さにはいくつかの段階があると解釈できる。もっとも基本的な段階は「最小限の死の概念」と呼ばれ、ほとんどとは言わないまでも、多くの動物がこの種の死に関する知識をもっている。最小限の死の概念をもつためには、たった二つの性質さえ理解できれば十分だと、モンソは主張する。「一つは無機能性（死は身体と頭脳のすべての機能を停止させる）、もう一つは不可逆性（死は永続的な状態である）だ[*11]」。動物はこうした性質について生まれつき知っているわけではないが、死に接することで学習する。

モンソは僕にこう説明してくれた。「動物が最小限の死の概念をもつためには、第一に身の回りのものが通常はどうふるまうかについて、ある程度の予測をもっていなくてはなりません」。例えば、生まれたばかりのイルカは、すぐに生きものの行動について学ぶ。そして、ほかのイルカは尾びれを上下に振って水中を移動し、魚を追いかけて食べ、無数のホイッスル音やクリック音をたてるものだと予測するようになる。けれども、彼女が最初に死んだイルカに遭遇したときには、こうした現象がまったく起こっていないことに気づく。そして、死んだイルカを十分に長く観察すれば、彼女はそれが永続的な状態であることを学ぶ。こうして彼女の頭脳は、世界を〈生きているもの〉と〈もう生きていないもの〉に分類できるようになる。モンソの考えでは、最小限の死の概念は「比較的容易に獲得でき、自然界にきわめて広く見られる」。さほど複雑な認知能力は必要ないのだ。だとしたら悲嘆は、社会的パートナーや家族のメンバーが永遠に機能を失ったことに対する、きわめて明快な情動的反応として、容易に出現しうるだろう。

けれども、ここが重要なのだが、イルカが死を認識できるからといって、自分自身もまた死すべき定めであると理解しているとはかぎらない。生きとし生けるものすべてはいずれ死ぬ、とも思っていないかもしれない。ここに至るには、さらに二つの理解の階層が必要なのだが、ヒト以外の動物はこれらを欠いている。モンソは以下のようにいう。「自分自身の命に限りがあるという、きわめて高度な理解にはまた、不可避性、予測不可能性、因果性の概念が統合されている。（動物が）死に接する経験を積み重ねることで、自分が死ぬかもしれないという考えを獲得できる可能性はあるが、自分がいずれ死ぬという考えには至らないだろう。わたしの意見では、こうした思考はおそらくヒトに限定される」

動物とヒトの死の理解には、とくに命の有限性を自覚しているかどうかに関して、本質的な違いがある。この点で、科学者と哲学者は合意しているようだ。キングは『死を悼む動物たち』のなかで、「すべての動物のなかでヒトだけが、死の不可避性を完全に認識できる」と述べた。学術用語ではこれを「死の必然の顕現性（mortality salience）」と呼ぶ。ほかのみんながそうであるように、あなたもいつか死ぬことを認識できる、という意味だ。個人的にはもっと詩的な言い回しのほうが好きなので、「死の叡智」と呼ぶことにしよう。

娘が八歳のとき、絵本を読んでおやすみを言ってからしばらくたったあと、寝室から泣き声が聞こえてきた。ドアを開けると、娘は悲しみのどん底といったようすでベッドに座り込んでいた。聞くと、死について考えているうちに、いつか自分も眠りにつき、そのまま二度と目覚めないことに思い至ったという。もう何も見ることも、考えることも、感じることもできない。娘は怯えながら、それまで感じたことのなかった実存的不安について説明した。こうした感情に、あなたも覚えがあるのではないだろうか。自分自身の死がまぎれもない現実であることを直視したときに押し寄せる、思考を飲み込むほどの途方もない悲しみ。うちの娘がこんなことについて話したのは（そして体験したのも）、このときが初めてだった。僕たちは胸を締めつけられた。

そして疑問が浮かぶ。死を深く理解することを可能にした、僕たちがもつ（そしてヒト以外の動物がもたない）認知能力とは、いったい何だろう？

## 時間認識と面倒な端数の呪縛

動物がもつ最小限の死の概念には「明示的時間概念は必要なく、ましてや心的タイムトラベルやエピソード的未来予測は不要」だと、スサナ・モンソは言う。これらの認知的要素は、ヒトに特有のものである可能性があると同時に、死の叡智の必須条件だ。それぞれについて順番に説明し、人類が死を深く理解できる理由を紐解（ひもと）いていこう。まずは明示的時間概念からだ。

明示的時間概念とは、明日や明後日や明々後日がくると理解していることだ。この知識は、数時間後から数日後、数年後、あるいは数千年後までも拡張できる。明示的というのは、僕たちはこの知識を意識的な思考で分析でき、概念として理解し考えることができるという意味だ。時間は一方向にだけ進むという明示的知識をもつ最大のメリットは、将来の計画を立てられることにある。

これに対し、時間とは何か、「未来」とは何かをほんとうの意味で理解していなくても、動物はまったく問題なく生涯を送ることができる。例えばイエネコは、空腹になったら食べ、疲れたら眠り、明日何が起こるかにはこれっぽっちも関心がない。ニーチェはこの点で、動物は人間よりもすぐれていると考えた。

「動物は歴史と無縁に生きる。現在に縛られた彼らは、まるで面倒な端数のない数のようだ[*12]」

過去の知識の重荷を背負わず、これから起こりうることをまったく自覚しない動物たちは、人間よりも苦痛の少ない生を送っているはずだと、ニーチェは羨んだ。動物は子どもと同じように、「過去と未来の垣根の間にある至福の無知のなかで遊んでいる」と、彼は考えた。

動物の生は現在にとらわれているという考えは広く受け入れられ、また長きにわたって科学者たちの議論の的となってきた。これから見ていく少数の例外を除いて、ヒトにとってはあたりまえの明示的時間概念をもつ種は多くなさそうだ。ただし、動物が将来について思い悩むことはないとしても、彼らにとって時間が無意味というわけではない。概念として時間が何を意味するかを明示的に理解していなくても、ほぼすべての生物のDNAには、暗示的時間概念が組み込まれているからだ。

「すべての動物の生理的、生化学的、行動的生活は、一日二四時間のサイクルを基盤として調整されている」と、レイクヘッド大学の生物学教授で概日リズムの生物学を専門とするマイケル・カーディナル＝オーコインは言う。「動物の生活にはスケジュールがあり、彼らは周期的に繰り返し起こるできごとを予測している」

哺乳類である僕たちは、とりわけある周期的なできごとに深く影響を受ける。日の出だ。この文章を書いている時点で、一日の長さは推定二三時間五九分五九・九九八八八七六秒となっている。月は一日のなかで地球に近づいたり遠ざかったりする。そのため、月が地球に及ぼす重力の影響は一定にはならず、これにより地球の自転速度は常に変動している。だから地球の一日がきっかり二四時間であることはほとんどないのだ。月は毎年、地球から平均約五センチメートル離れていくため、地球の一日は長い年月をかけて少しずつ長くなってきた。七〇〇〇万年前の一日は二三時間半しかなかったのだ。[*13]

このような一日の長さの変動と変化は、大局的に見れば微々たるものなので、多くの動物たちは日の出と日没の安定性を基盤とする行動パターンを進化させた。例えばヒトは、自然光を利用して体内時計を調整する。多くの哺乳類がそうであるように、僕たちは日没後に眠りにつく。一日が終わりに近づき、日光が陰り出すと、脳の松果体がメラトニンと呼ばれるホルモンを分泌し、これが脳に寝る時間を知らせる信号として機能する。[*14]これと並行して、アデノシンと呼ばれる化学物質が日中ゆっくりと脳内に蓄積し、日没直後に閾値に達することで、僕たちは眠気を感じ、やがて否応なく眠りにつく。コウモリなど夜間に活動する動物では、睡眠導入のシステムが逆転していて、日の出とともに眠気を感じるようになっている。どちらの場合も、太陽が信頼のおける時間経過の指標として働く。

時間の経過の認識には、細胞内にあるさらに古いシステムもかかわっていて、こちらに光は必要ない。「わたしたちの細胞のなかには、時間の経過を記録する分子機構がある」と、カーディナル＝オーコインは言う。この体内時計システムは、ＤＮＡのなかの「時計遺伝子」に制御されている。発現が始まると、この遺伝子はＰＥＲタンパクと呼ばれるタンパク質を生産し、これが夜の間に徐々に細胞内に蓄積されていく。やがてタンパク質の量が閾値に達すると、時計遺伝子はタンパク質の生産をやめる。その後、ＰＥＲタンパク質はゆっくりと分解されていき、一定量を下回ると、時計遺伝子が再びオンになりタンパク質の生産を再開する。このプロセスがほぼ正確に地球の自転一回分、すなわち二四時間で完結するのだ。このメカニズムは「転写・翻訳フィードバックループ（ＴＴＦＬ）」と呼ばれ、植物や細菌からヒトまで、ほとんどの生物の細胞で見つかっている。光の届かない洞窟の闇のなかや深海底に暮らす種も含め、地球上のすべての生きものが二四時間の太陽のサイクルに敏感である理由は、これで説明できる。ジェフリー・C・ホール、マイケル・ロスバッシュ、マイケル・W・ヤングは一九八〇年代に時計遺伝子を発見し、この業績によって二〇一七年にノーベル医学・生理学賞を受賞した。彼らの発見の前から、科学者たちはヒトやその他の動物が太陽による調整を必要としない体内時計をもっていることを知っていたが、TTFLの発見により、細胞がどうやってこの機能を果たすかを説明できるようになったのだ。

太古より受け継がれた時間の経過に対する細胞の反応であるTTFLと、太陽という外部にある手がかりによって、動物はいま自分が昼夜のサイクルのどこにいるかを知ることができる。だが、ここから必ずしも明示的時間認識に至るわけではない。例えばネコが、ヒトと同じように時間について考えている可能性はきわめて低いだろう。うちのネコのオスカーは、イエネコがみなそうであるように薄明薄暮性で、夜明けと夕暮れにいちばん活発になる。ほかの哺乳類と同じく、オスカーの細胞はTTFLを利用して体内時計を調整し、また彼の脳は相対的な日照量に基づいてホルモンを放出し、朝と夕方の活動を促進したり抑制したりする。彼は時間の経過に敏感だ。けれども、だからといってオスカーが抽象的な時間概念、例えば「昨日」が何を意味するかを理解していることにはならないし、ましてや「来年の冬」のことなど知りもしないだろう。このような明示的知識には、スサナ・モンソがヒトの死の叡智にかかわるものとして言及した、二つの認知能力が必要になる。心的タイムトラベルと、エピソード的未来予測だ。

## 川に浮かぶボートに乗ってるところを想像して

昨夜のことを思い出してみよう。夕食に何を食べたか覚えているだろうか？　おいしかったかどうかは？　食べているときにどこに座っていたかは？　きっとたくさんのことを思い出せるはずだ。視覚的記憶力にすぐれている人なら、写真のように脳裏に焼きついているかもしれない。あるいは、言語を介して記憶がエンコードされているかもしれない。料理や材料の名前のように。快や不快といった感覚を通じて思い出す人もいるだろう。

さて、今度は明日の夕食を想像してみよう。メニューはスパゲティ・ボロネーゼで、あなたは親友の家のリビングの床に座っている。あいにくフォークもスプーンもないので、あなたは手づかみでスパゲティを食べている。一方、友人は一九九七年の映画『タイタニック』のテーマソング、「マイ・ハート・ウィル・ゴー・オン」を歌っている。奇妙な筋書きだし、これまで経験したことはないだろう。僕がこんな例を出したのは、ヒトの想像力がいかに特別なものかを実感してもらうためだ。この先も永遠に起こりそうにないことでも、僕たちは容易に想像できる。

過去を思い出し、未来について考える能力は、「心的タイムトラベル」と呼ばれる。心理学者のトーマス・ズデンドルフとマイケル・コーバリスの簡潔な定義によれば、「ヒトが自分自身を過去の時間に投影してできごとを経験しなおす、または未来の時間に投影してできごとを事前に経験することを可能にする能力[*15]」のことだ。心的タイムトラベルは、もう一つの認知能力である「エピソード的未来予測」、すなわち「自分自身を未来に投影し、想像上のできごととそこから生じうる結果をシミュレートする能力」[16]と密接に結びついている。僕たちは無限の想像上のシナリオにアクセスし、その中心に自分を置くことができる。あなたは「手づかみでスパゲティを食べたらどうなるだろう？」と自分自身に問いかけ、起こりうるたくさんの結果を想像できる。なかには物騒なものもあるだろう。例えば、無数のシナリオのうちの一つにおいて、茹で足りないスパゲティを喉に詰まらせて窒息死する、というように。

動物がヒトのような死の叡智をもつためには、エピソード的未来予測の能力が必要だ。だが、ほとんどの種に関して、こうした能力をもつ証拠は乏しい。そう聞くと、何だか妙だ。将来のある時点にいる自分を想像できないなら、動物はいったいどうやって将来の計画を立てているのだろう？

この謎を解き明かすために、伝説級の将来設計能力をもつハイイロホシガラスにご登場いただこう。この小鳥はハシブトガラスやワタリガラスと同じカラス科の一員で、英名のClark's Nutcrackerはルイス・クラーク探検隊で知られるウィリアム・クラークにちなんでいる。一八〇〇年代初頭のロッキー山脈横断の探検のさなかに彼がこの鳥を発見したためだが、当然ながら、クラークはこの鳥を初めて見た人物ではなかった。例えばショショーニ族は、クラークが彼らの土地に現れる一〇〇〇年近く前から、この鳥をトゥーコッツィと呼んでいた。[17]そんなわけで、ここでは標準名のハイイロホシガラスの代わりに、ショショーニ族の呼び名を使おうと思う。

トゥーコッツィの主食はマツの実で、秋にはふんだんに得られるが、冬になると激減する。そのため、トゥーコッツィは貯蓄術をマスターした。彼らは秋になるとマツボックリから実をほじくり出し、行動圏のあちこちに隠す（これを貯食という）。範囲は三〇キロメートルにも及び、彼らはこの蓄えを頼りに冬を過ごす。一か所に隠すのは一〇個程度で、リスやほかの鳥に見つからないように地中数センチメートルの深さに埋める。トゥーコッツィは毎年一〇万個ものマツの実を一万もの地点に貯食する。[18,19] そして驚くべきことに、貯食地点のほとんどを九カ月にわたって覚えている。[20]

トゥーコッツィは間違いなく将来設計をしているように思えるし、そのためにエピソード的未来予測によって食料の乏しい冬景色のなかにいる自分を想像し、餓死を免れるにはマツの実を貯蔵しておくのがいちばんだと判断していそうだ。しかし実際は違う。その年の春に生まれたトゥーコッツィは、マツの実が見つからない冬を経験したことがないにもかかわらず、秋になると貯食を始める。知ることも想像することもできない未来に備えて計画を立てているのだ。トゥーコッツィの心のなかにある貯食行動を促すメカニズムは、進化の歴史に根ざしたものであり、ありうる未来のシナリオのなかの自分を想像することを必要としない貯食の本能だ。動物たちの将来設計の事例はほぼすべて、冬に備え蜜を集めて蜂蜜を作るミツバチから、産卵のために巣を作るカラスまで、心的タイムトラベルではなく、このような本能的衝動によって説明できる。

かつてドイツの心理学者ドリス・ビショフ゠ケーラーは、将来の自分のモチベーションの状態を現在のモチベーションの状態とは異なるものとして想像し、それに備えて計画を立てるような心的タイムトラベルの能力をもつ種はヒトだけであると主張した。[21] だが、ごく少数ながらこの能力を備えていると思われる動物はほかにもいて、これらはヒト以外の動物に心的タイムトラベルの能力があることを示唆するもっとも有力な証拠となっている。またしても僕たちにもっとも近い親戚であるチンパンジーがいちばんの実例だ。このケースを適切に理解するために、まずは彼らの行動に関する重要事項を心にとめておく必要がある。映画やテレビでは、怒ったチンパンジーが自分のウンチやその他さまざまなものを投げるシーンがおなじみだ。そして、これらは完全に正しい。以下の引用は、ジェーン・グドール・インスティテュートがウンチ投げについて解説した文章だ。

自然生息地では、チンパンジーは怒ったとき、しばしば立ち上がり、腕を振り上げ、枝や石など身の回りの手でつかめるものを何でも投げます。飼育下のチンパンジーは、自然のなかにあるさまざまな物体を手にとることができないため、もっとも容易に得られる投擲物は糞なのです。また、人々は糞を投げつけられるときわめて強烈な反応をしがちなので、こうした行動は強化され、反復される傾向にあります。YouTube に糞投げの動画がたくさん投稿されているのは、こうした理由からです。[*22]

それでは、いよいよサンティーノをご紹介しよう。怒りの投擲で世界に名を轟かせる彼は、一九七八年生まれのオスのチンパンジーで、スウェーデンのフルヴィク動物園で暮らしている。彼は放飼場の専用観察エリアに集まる来園者に向かって石を投げることで昔から有名だった。一九九七年、動物園の職員たちは、サンティーノが数日間にわたって不自然にたくさんの投擲物（ほとんどは石で、糞ではなかった）を投げていることに気づいた。放飼場に立ち入って調べたところ、観察エリアの近くの水路のほとりの草のなかに、石やその他の物体がたくさん隠されていた。放飼場の反対側から苦労して運んできたらしいコンクリートのかけらまであった。のちに研究チームは、サンティーノが動物園の開園前に数時間かけて、石を集めて隠すという準備をしていることを突き止めた。[*23,24]

さて、トゥーコッツィの例ですでに見たように、ものをため込むこと自体はエピソード的未来予測を必要とする高度な将来設計の証拠とはいえない。にもかかわらずサンティーノの行動が特別といえるのは、彼が石を放り投げずにはいられない激怒に駆られるずっと前から、石の在庫を用意していたからだ。石をストックしている間、彼はどう見ても冷静だった。これはすなわち、サンティーノは自分が将来怒りに駆られることを知っていて、（現時点では腹を立てていないにもかかわらず）そのために準備していたことを意味する。トゥーコッツィと違って、サンティーノは心のなかで時間を超え、記憶に基づいて将来のシナリオのなかに自分を位置づける想像を働かせたようだ。現在とは異なる心境にいる未来の自分を想像していたと思われるサンティーノは、この能力をヒトだけのものとするビショフ゠ケーラー仮説に一石を投じた。サンティーノの行動研究を率いた研究者のマティアス・オスヴァートは、「蓄積されたデータの重みは、エピソード的認知システムはヒトだけのものであるという考えに重大な疑念を投げかける」[*25]と述べる。

ビショフ゠ケーラー仮説へのもう一つの反証はアメリカカケスだ。ハシブトガラス、ワタリガラス、トゥーコッツィと同じく、アメリカカケスもカラス科に属し、他種と同様に貯食をする。ある有名な実験で、カケスたちは二種類のケージのどちらかで一夜を過ごした。片方では朝食にドッグフードが出され、もう片方では朝食にピーナッツが出される。その日の夜をどちらのケージで過ごすことになるか、そのケージで朝食に何がもらえるか、カケスたちに知るすべはなかった。実験では、日中カケスたちに好きなだけ餌を食べさせた（したがって空腹ではなくなった）あと、夜間ケージのどちらか（あるいは両方）にピーナッツとドッグフードを貯食できる状況に置いた。その結果、鳥たちはピーナッツが出される確率が高いケージにはドッグフードを、ドッグフードが出される確率が高いケージにはピーナッツをより多く貯食した。つまり、彼らは自分が夜にどちらのケージに入れられることになっても、翌朝ピーナッツとドッグフードの両方を楽しめるように、計画的に行動したのだ。

押さえておくべきポイントは、貯食している間カケスは空腹ではなかったことだ。彼らは自分が空腹になっているシナリオを思い描いていた。「アメリカカケスがとった行動は、彼らが食料不足への備えと食の多様性の最大化の両方を気にかけていることを裏づけるものだ」と、この研究論文の著者のひとりであるニコラ・クレイトンは説明する。[*26]「アメリカカケスは、現在のモチベーションの状態に左右されず自発的に明日の計画を立てることができ、こうした能力がヒトに固有のものであるという説に再考を迫る」[*27]

この二つが、動物にもエピソード的未来予測の能力があり、それに基づいて行動していることを示す最有力証拠だ。どちらもすばらしい研究だが、ここで重要なことを一つ指摘しておきたい。第一に、動物にヒトのようなエピソード的未来予測の能力があるとしても、あまり広く見られるものではなさそうだ。第二に、これらの動物は心的タイムトラベルの能力を、ヒトほど広い文脈に応用してはいないらしい。彼らの計画は、おおむね近未来の食料獲得に関するものだ。僕は決してこれらの事例を軽んじているわけではなく、ヒト以外の動物の心にエピソード的未来予測が存在することをエレガントに実証していると思う。しかし同時に、ここから動物の未来予測の限界も浮き彫りになる。理由は定かではないが、動物はこの能力を食料獲得（と動物園の来園者への攻撃）以外の目的には使えないようなのだ。

さて、ここから動物が死の叡智をもちうるかについて、何が言えるだろう？

わかっていることを整理しよう。ほとんどの動物は最小限の死の概念をもっている。死とは以前は生きていたものが永続的な無機能状態になることだと知っている、という意味だ。自然淘汰は動物に、本能的行動によって将来に備える能力を授けることがある。こうした能力は明示的時間概念に依存せず、ましてやいかなる形の心的タイムトラベルやエピソード的未来予測も必要としない。ほとんどの動物種は、トゥーコッツィと同じように、エピソード的未来予測がなくても何の問題もなく将来に備えることができる。そして、いくつかの種（チンパンジーやアメリカカケス）でエピソード的未来予測の証拠は得られているものの、ヒト以外の動物が無限に未来の状況を想像し、自分自身の死をも思い浮かべて、そうした事態に備えられることを示す科学的証拠は、いまのところ皆無だ。このような状況は、ヒトとはこのうえないほど対照的だ。死の叡智は、どうやら人類に固有のものらしい。こうして僕たちは、新たな問いと向き合う。これっていいもの？　それとも悪いもの？　自然淘汰の（そして自分自身の精神衛生の）観点から見て、死の叡智は祝福と呪いのどちらなのだろう？

## カサンドラの呪い

進化死生学が学術分野として初めて提唱されたのは二〇一八年のことで、ヒトを含む動物がどのように進化を通じて死の理解（および死に対する行動的反応）を獲得したかを主題に掲げている。[*28] 知ってのとおり、現生人類はほかのどの動物とも異なる方法で死に対処する。僕たちには複雑な文化的規則や儀式がある。古王国時代（紀元前二六八六～二一二五年）の古代エジプト人が地位の高い人々の遺体をミイラにしたのはあまりに有名だ。彼らは臓器（胃、腸、肝臓、肺）を取り除いてカノプス壺に入れ、遺体を麻の包帯でくるんで保存した。心臓はそのまま遺体に残され、脳は摘出され廃棄された。現代の韓国では遺体は火葬されるが、遺灰を固めてキラキラしたビーズに加工し、ジュエリーとして身につける人もいる。北米の一部の葬儀場は、参列者にドライブインオプションを提供しており、人々は車から出ることなく故人の棺のそばを通過して死を悼む。

進化死生学においては、このようなヒトの葬儀の慣習がいかに各文化のなかで進化してきたかだけでなく、死に対する僕たちの心理的理解や反応が長い年月を通じてどう進化してきたかもテーマとする。何百万年も前に絶滅した種の心理を推定するのは難しいので、手軽なスタート地点になるのは、僕たちにもっとも近い親戚であるチンパンジーだ。進化死生学という学術分野を定義する一連の論文のなかで、心理学者のジェームズ・アンダーソンは、チンパンジーの死の理解についてわかっていること（そしてわかっていないこと）を検討し、次のように述べた。

> すべての生物はいずれ死ぬこと（普遍性）をチンパンジーが理解しているかどうかははっきりしないが、彼らは自分以外の生物に死ぬ可能性があることを知っていると考えるのが妥当な解釈だろう。この知識にはおそらく、自分自身の脆弱性の認識も含まれるが、自分自身の死の不可避性までは認識していないだろう。[*29]

自分自身の死の不可避性を理解しているかどうか。死に関するかぎり、ヒトと動物の心理の最大の違いはここにある。僕たちは自分の死が避けられないものであると知っている。チンパンジーも知っているかもしれないが、科学的証拠を見るかぎり、おそらく知らない。つまり、ホモ・サピエンスは進化の歴史において、チンパンジーとの共通祖先から分岐したあとのどこかで、自分自身の死を思い描く能力を獲得し、いちばん近い親戚である類人猿たちと袂を分かったことになる。僕たちの祖先の脳と心に何かが起こり、最小限の死の概念が、完全な死の叡智へと変貌をとげたのだ。

では、ヒト族のゲノムに遺伝的変異が生じ、死が不可避であると学習できる認知能力を備えた赤ちゃんが初めて誕生した瞬間を想像してみよう。これは単なる仮定のシナリオではなく、過去七〇〇万年のどこかで実際に起こったできごとだ。もちろん、たった一つの遺伝的変異によって、それまで何もなかったところに死の叡智遺伝子が出現したわけではないだろう。進化によって獲得したいくつもの認知能力(心的タイムトラベルやエピソード的未来予測)を基盤として、何万年にもわたる自然淘汰のプロセスを経て形成されたと考えるのが妥当だ。それでも、ヒトという種の歴史のどこかの時点で、死の必然の顕現性を完全に認識できるヒト族の赤ちゃんが、不完全にしか認識できない両親の間に生まれたのはまぎれもない事実だ。この瞬間、地球生命の歴史上初めて、ひとりの子どもの心のなかに、死の叡智が結実した。

アフリカのどこかで生まれ育った、哀れなこの子を想像してみてほしい。ここでは名前をカサンドラとしよう。思春期を経て、また生まれて以来ずっと、家族の誰かや身の回りの動物たちが死ぬところを目撃し学習してきたカサンドラは、ついにある日、死の叡智の痛みが心を支配する、初めての感覚を体験する。僕の娘が八歳で体験したように。カサンドラは当時の人類がもっていた言語能力のすべてを駆使して、自分の不安の正体を両親に説明しようとするが、両親はまるで理解できない。彼女は実存的不安の独房のなかで生き続け、彼女の苦しみを理解できる存在は、誇張でも何でもなく、地球上のどこにもいない。

新たに獲得したこの知識は、少女にとって何の役に立つだろう？　どう考えても、カサンドラの若い心を襲った死の叡智は、彼女に恐るべきトラウマをもたらし、まともに生活することもままならなくなったはずだ。どんなに控えめにいっても、この知識が進化的な意味で彼女の適応度の増大に寄与したとは考えにくい。カサンドラの両親や兄弟姉妹は、先史時代の僕たちの祖先がみなそうであったように、ただ生き延びるだけで精一杯だったはずだ。彼らはもとから恐怖のなかに生きていた。自分自身がいつの日か死ぬことを知っていることに、何の利益がありうるだろう？　彼女は重大な精神的トラウマに苦しみ、彼女のあとに遺伝子は受け継がれなかったはずだと、誰だって思うはずだ。

だが、そうはならなかった。現実には、カサンドラの遺伝的系統が主流になったのだ。彼女の遺伝子は家族や部族のなかで成功を収め、やがて死の叡智は種全体に拡散した。さらに、カサンドラの遺伝的系統のなかからホモ・サピエンスが誕生し、最後にして唯一の現生人類となっただけでなく、これまでに地球上に生きたすべての哺乳類の種のなかで最大の成功者となった。

カサンドラはどうやってこんなことをやってのけたのだろう？　医師のアジット・ヴァルキは著書『否定：自己欺瞞と誤信念、そしてヒトの心の起源（Denial: Self-Deception, False Beliefs, and the Origin of the Human Mind）』のなかで、生物学者の故ダニー・ブラウアーとの会話から発展した、カサンドラの問題を解決に導いたであろうヒトの心の起源に関する仮説について説明している。

このような動物は、もとより危険な状況や生命の危機に対する恐怖反応の反射メカニズムを生得的に備えていた。ところが、この無意識の恐怖がいまや意識的なものとなり、自分はいずれ必ず死ぬのであり、それはいつどこで起こってもおかしくないという知識が、絶え間ない恐怖をもたらすようになった。このモデルにおいて（自然）淘汰は、完全な心の理論を獲得した個体が、ほぼ同時に自分自身の死の必然を否定する能力をも獲得するように作用するだろう。この組み合わせが生じることはきわめてまれだったはずだ。これこそが現生人類に連なる行動面での種分化が生じた決定的瞬間だった可能性さえある。わたしたち人類は、ここでついにルビコン川を渡ったようだ。[*30]

『否定』で展開される主張によれば、カサンドラのような動物が、もし死の叡智をもたらすような一連の認知能力（先の引用での「完全な心の理論」に相当）をもって生まれたとしても、「極端にネガティブな影響が即座に[*31]」もたらされ、長期的に生存することはできない。要するに、正気を失ってしまい、まったく子孫を残せない（子ども時代を乗り切れるかも怪しい）のだ。したがって、死の必然にまつわる考えを心の片隅に隔離する能力（ヴァルキの言葉を借りれば「否定の能力」）を進化させて初めて、カサンドラのような動物は、子孫を残せるくらいの正気を保てるようになった。

それなら、死の叡智の進化的な利点とは、いったい何なのだろう？　否定の能力を獲得してようやくその存在に耐えられるほどの重荷だったのなら、何がカサンドラに圧倒的な優位性をもたらし、彼女から受け継がれた遺伝的系統が多数派になったのだろう？　その答えは、死の叡智の基盤をなす一連の認知能力が、世界のしくみを理解するヒトの能力をおおいに増大させるもの（心的タイムトラベル、エピソード的未来予測、明示的時間概念など）でもあった、というものだ。ものごとがなぜ起こるのかを問い、次に起こることを予測し、できごとの流れを変えるために計画を立てる能力は、第1章で学んだとおり、「なぜ」のスペシャリストである僕たちに備わった天賦の才だ。エピソード的未来予測もまた、明らかにこのプロセスに深くかかわる認知能力だ。さらに、死の叡智はエピソード的未来予測の波及効果の避けがたい帰結なので、死の叡智と「なぜ」のスペシャリストの能力のつながりを断ち切ることは、シンプルに不可能だ。自然淘汰はこれまでのところ、因果関係への執着は僕たちに繁栄をもたらす有益な形質とみなしているらしい。それならば、同じことがエピソード的未来予測と、それに付随する死の叡智にもあてはまる。つまり、死の叡智の明確な利点とは、僕たちがほかのすべてのヒト族やほとんどの哺乳類を圧倒してこの星を支配するに至った、ほかの認知能力と分かちがたく結びついている（あるいはそこから創発したものである）ことなのだ。

死の叡智はまた、社会性の共有という僕たちの能力を高める働きによって、人類の種としての繁栄を促進したのかもしれない。システムのバグや、望まぬ副作用ではなく、新機能だったという考えだ。心理学者のアーネスト・ベッカーは、ピュリッツァー賞を獲得した著書『死の拒絶』のなかで、多くの人間行動、そして僕たちの文化の大部分は、自分自身の死に関する知識への反応として生み出されたものであり、自分が死んだあとも生き続ける、何らかの永続的な意義や価値をもつものを作り出そうとする営みであったと論じた。[*32] 人類が信念体系、法体系、科学を生み出したのは、ベッカーいわく「本質的価値、宇宙のなかでの唯一性、創造物としての究極の目的、揺るぎない価値の感覚」を見いだすためだった。僕たちは寺院、超高層ビル、世代をまたぐ家族を作り、「社会のなかに人が生み出すものには永続的な価値や意義があり、それらは人や人工物の避けがたい死や崩壊を乗り越え、輝きを保ち続ける」ことを願う。死の叡智から刺激を受けた人類は、不滅をめざす無数のプロジェクトを立ち上げ、そのなかには文化を介して次世代に受け継がれる形で進化的適応度を高めるものもあったという、ベッカーの主張には説得力がある。科学そのものでさえ、純粋な知識欲と同じくらい、個々の科学者の名誉欲にも突き動かされている。

ベッカーは正しい。死の叡智が美しいものを生み出し、人間の条件に価値（と意義）を付け加えたことは、否定のしようがない。しかし、僕たちが文化の不滅性プロジェクトの重要性を確信し、価値観の絶対的支柱にしてきたからこそ、もっともおぞましい人間行動が実行されてしまったのもまた事実だ。不滅に至る道について意見を異にするイデオロギーどうしの衝突は、聖戦という形をとった。永遠なる（宗教上の、あるいは富という経済的な）神の名のもとに、例えばコンゴで首謀者のレオポルド二世とキリスト教宣教師たちが結託しておこなったような、ジェノサイドが実行された。歴史上の人物の彫像は地球上のどの都市を歩いても目につくが、僕たちが彼らの名前や見た目を知っているのは、彼らがありとあらゆる誤った理念に生涯を捧げ名声を手にしたからにほかならない。ヨシフ・スターリン、ネイサン・ベッドフォード・フォレスト［訳注：南北戦争での南軍の指揮官およびクー・クラックス・クランの創設者］、セシル・ローズをたたえる銅像はいまもたくさんある。こうした像の多くは、戦争、殺人、人類同胞の征服によって名声を確立した人々の生涯を美化している。死の叡智は確かに、僕たちに不滅性を希求する衝動をもたらし、美と芸術を生み出してきた。しかし、そうした衝動に駆られた僕たちは、皮肉なことに、多数の死も引き起こしてきたのだ。

死の叡智がもたらす進化的観点から見たネガティブな影響はほかにもある。先述の明らかに道を踏み外した不滅性プロジェクト（ジェノサイドなど）に加えて、死の叡智の悪影響は日常生活にも及ぶ。抑うつ、不安、自殺といったものだ。気分障害の発症メカニズムは複雑で、膨大な数の要因が関与する（例えば、季節性感情障害は太陽光への曝露不足によるホルモン分泌レベルの変動が引き金となって発症する。また、産後うつは出産後の女性の体に起こるホルモンの変化が原因だ）ものの、死について考察する能力が僕たちの気分に悪影響を与えることに疑問の余地はない。ニヒリズム、絶望感、希死念慮はうつ病の診断基準に含まれ、それ自体が自殺の原因になるほどだ。現在、世界では二億八〇〇〇万の人々がうつ病に苦しんでいる。[*33] 自殺者は毎年七〇万人を超え、五〜二九歳の年齢層で四番目に多い死因となっている。死の叡智そのものはうつ病や自殺の直接の原因ではないだろうが、何らかの形で関与していることは間違いない。典型例といえそうなのが、誰あろうニーチェだ。彼は生涯にわたって抑うつ状態を生き、同時にニヒリズムという哲学的問題に取り組んだ。両者は分かちがたく結びついていたはずだ。

自分の人生を振り返ってみると、僕は自分の死についての思索にあまり時間を費やしてこなかった。娘と同じように、たまには夜遅く眠りにつこうとしているとき、死という現実が心の隙間に忍び込み、恐怖に襲われることもあった。けれども、そんなうたかたの思いは、すぐに歌の歌詞や明日の予定に取って代わられた。ほとんどの人にとっては、これがふつうだと思う。自分の人生の終焉について熟考できるからといって、実際にそうすることに長い時間を費やすわけではない。死を否定する能力は、こんなふうに僕たちの正気を保ってくれる。十分に長い間、病的で侵襲的な思考を無視していられるおかげで、僕たちは洗濯物を片付けることができる。

結局のところ、エピソード的未来予測と「なぜ」への特殊化がもたらす恩恵が、死の叡智がもたらす負の影響を上回ったのだ。八〇億もの人々がこの地球上にひしめいていて、その誰もがたまには自分の死を思っているという単純な事実から考えても、死の叡智は対処可能なものだ。進化の観点から見れば、死の叡智は、生物種としての僕たちの成功を妨げるほどの問題ではない。

それでも、死の叡智が僕たちの日常にもたらす影響はやはり苦痛だ。動物たちはヒトよりも死との良好な関係を保っていると、僕は思う。この章ですでに見てきたとおり、多くの動物は自分が死ぬ可能性を認識している。死とは何かも知っている。彼らは決して無知ではなく、ニーチェが言うように「過去と未来の垣根の間にある至福の無知のなかで遊んでいる」わけではない。しかし、こうした知識をもちながら、動物は僕たちほど苦悩を抱えていない。それは単純に、自分自身の死を想像できないためだ。イッカクは決して、ニーチェのように死の亡霊にさいなまれ嘆きはしない。もしニーチェがイッカクだったら、虚無主義がもたらす恐怖とは無縁だっただろう。それに、もし僕がイッカクだったら、娘のベッドのそばに座り、彼女が目に涙を溜めて避けがたい自分の死に怯える姿を、なすすべもなく見守ることもなかっただろう。娘の心から死の叡智の呪いを拭い去ることができるなら、どんなにお気に入りの不滅性プロジェクトだって犠牲にするのに。

# 第4章● ゲイのアホウドリが邪魔をする

## ――ヒトの道徳の問題点

われわれは動物を道徳的存在とはみなさない。だが、動物はわれわれを道徳的存在とみなすだろうか？　かつて言葉を操るある動物はこう述べた。「人道性とは、少なくともわれわれ動物は悩まされることのない偏見のことである」

——ニーチェ[*1]

橋詰愛平は日本帝国陸軍第六歩兵隊の兵士だった。一八六八年三月八日、橋詰が所属する歩兵隊は大阪にほど近い海辺の街である堺に配備された。フランス軍艦デュプレクスが入港し、水兵たちが上陸したためだ。日本はつい一年前に明治維新を経て、軍事独裁者である将軍を頂点とする封建制を廃止し、帝国中央政府を樹立して、数世紀ぶりに西洋人が日本に足を踏み入れることが許されるようになったばかりだった。堺市民にとって外国人を見るのは生まれて初めての経験で、彼らはフランス人水兵たちが神聖な寺社の境内を気楽にぶらつき、地元の女性をナンパするようすにひどく動揺した。水兵たちの行動は、上陸許可を与えられた一九世紀の西洋の水兵がやりがちなお決まりのパターンだったが、日本人にとっては不快な風紀紊乱(ふうきびんらん)にほかならなかった。橋詰ら歩兵隊は、水兵たちを説得し艦に戻すよう命じられたが、言葉の壁が立ちはだかり、任務は不可能に等しかった。苛立った日本人歩兵たちは実力行使に踏み切り、水兵のひとりを拘束し手に縄をかけた。事態が緊迫してきたため、フランス人たちは急いで艦へと戻り始めたが、ひとりの水兵が逃げる途中に日本の軍旗を奪った。梅吉という名の鳶職の旗持が軍旗泥棒を追いかけ、男の頭を斧でかち割った。報復としてフランス側はピストルを抜き、梅吉に発砲した。橋詰ら歩兵隊もまたライフルを構え応戦した。街を観光する(そして女性をナンパする)だけのつもりだったフランス側は、人員でも装備でも圧倒的に不利だった。交戦の備えがまったくできていなかったのだ。短い銃撃戦を経て、日本の歩兵隊はフランス人水兵一一人を殺害した。

樹立されたばかりの不安定な外交関係を憂慮し、日仏の外交官たちはこれ以上の流血の事態を避けるべく、すぐさま緊張緩和に動き出した。フランス側は日本陸軍に水兵たちの死の引責を求めた。彼らが要求したのは公式謝罪と一五万ドルの賠償金、そして殺害を主導した二〇人の歩兵たちを極刑に処すことだった。

　事件に関与した七三人の歩兵たち全員が取り調べを受け、二九人が発砲を認めた。そして二九人全員が天皇陛下の名誉のために死刑を望んだ。しかしフランス側が求めたのは二〇人の死刑だけだったので、歩兵たちは寺に参拝し、誰が死ぬかをくじ引きで決めた。橋詰は当たりを引いた。死刑を免れた九人はみな落胆した。彼らはみずからの処遇に異議を唱え、橋詰らとともに処刑してほしいと訴えたが、請願は却下された。

　ここまでの顛末から、道徳的に正しいふるまいがどんなものであるかは、完全に文化的背景に規定されていることがよくわかる。

　死刑を宣告された橋詰ら歩兵たちは、みずからの運命を受け入れ、感謝さえしたが、一方で自分たちは軍規を逸脱していないと主張した。そもそも最初に発砲したのはフランス側だ。彼らは判決の修正を求めた。死刑ではなく儀式的自殺、すなわち切腹による死を望んだのだ。切腹によって彼らは、歩兵にとって究極の目標といっても過言ではない、侍としての地位を認められる。彼らの請願は認められた。日本政府から見れば、これはフランスに屈辱を与え、死刑宣告された歩兵たちに罰ではなく名誉を授けるチャンスだった。

　一八六八年三月一六日、橋詰と一九人の歩兵たちは、正装である白装束と黒羽織に身を包み、駕籠に乗って、数百人の兵士たちとともに寺の境内に入っていった。最後の食事として魚と酒がふるまわれた。日仏両国の要人たちには、切腹の舞台の正面に席が用意された。そのなかにはデュプレクスの艦長であり、アベル＝ニコラ・ジョルジュ・アンリ・ベルガッセ・デュ・プティ＝トゥアールという壮麗な名前のフランス軍将校の姿もあり、日本側が約束を果たすのをみずからの目で見届ける覚悟だった。
　歩兵たちはひとりずつ前に出て、恭しく畳の上にひざまづき、刀をみずからの腹に突き立て、腹腔内の上部腸間膜動脈を切断した。彼らは苦悶のなかで頭を垂れ、介錯人によって斬首された。切腹は七〇〇年の侍の歴史のなかで形式化された古の儀式だ。日本人以外が切腹を目撃するのはこれが初めてで、デュ・プティ＝トゥアールは、どんなに控えめに言っても戦慄した。伝聞によれば、デュ・プティ＝トゥアールは儀式の最中に何度も立ち上がり、歩兵たちがありえないほど冷静にみずからの腹を捌くさまに圧倒された。一二番目だった橋詰が切腹を始めようとした瞬間、デュ・プティ＝トゥアールは借りは返されたと宣言し、儀式の中止を命じた。彼はほかのフランス要人たちに席を立たせ、そそくさと艦に戻っていった。

　橋詰にとって、これは大いなる侮辱だった。彼は名誉ある死を迎える権利を、自分自身と天皇陛下に栄光をもたらす機会を奪われたのだ。デュ・プティ＝トゥアールは中止を慈悲深い行為とみなしたが、橋詰にとってはまったく逆だった。残る九人の侍たちは数日後、デュ・プティ＝トゥアールが彼らの死刑判決を破棄するよう請願したと聞かされた。橋詰にとっては耐えがたいことで、知らせを聞いた彼は、舌を噛み切って自殺をはかった。橋詰ら歩兵たちにとって、デュ・プティ＝トゥアールに情けをかけられることは、死よりもはるかに悪い幕引きだったのだ。[*2]

　この逸話から浮かび上がる道徳的ジレンマについて考えてみよう。そもそも、フランス側が水兵たちの死を贖うために死刑を求めたのは、正当だったのだろうか？「目には目を」方式も一つの道徳だろうか？　それとも、国家が命じる死刑は本質的に野蛮で非道徳なもの？　儀式を中止したデュ・プティ＝

トゥアールは慈悲深かったのか？　そうだとしたら、誰から見て？　命拾いした日本人歩兵たちにとっては明らかにそうではなかった。名誉の自殺は時代遅れの道徳律だろうか？　この話からわかるように、こうした道徳的疑問への答えは、誰に尋ねるか、相手がどこの出身か、時代が何世紀かによってまったく異なる。道徳性は、完全に恣意的とは言わないまでも、おおむね文化に規定されるのだ。

僕たちが考える正しい行動と間違った行動は、社会文化的および歴史的文脈から多大な影響を受ける。この事実は、僕たちの道徳観は超自然的な外部の力が授けた揺るぎないコードではないことを意味する。ヒトの道徳観はむしろ、文化による編集を受ける、継承された一連の規則といったほうがよさそうだ。そうだとしたら、僕たちの道徳を実践する能力は、ほかの認知的形質と同じように進化してきたことになる。少なくとも、動物行動学者の目にはそんなふうに映る。動物の複雑な社会性についてすばらしい本を数多く著してきた霊長類学者のフランス・ドゥ・ヴァールは、ヒトの道徳性の進化についてボトムアップで考えるという発想を世に広めた。この考え方によれば、ヒトの道徳性（信仰心を含む）は神に授けられたものではない。また、善悪の本質に関する高次の思考のみによって形成されたものでもない。そうではなくて、すべての社会性動物に共通する、進化が削り出した行動と認知の自然地形に起源をもつのだ。『道徳性の起源──ボノボが教えてくれること』のなかで、ドゥ・ヴァールはこう述べている。「道徳律は、天上の神から課されたものでも、高度な論理的思考から導き出された原理に由来するものでもない。原初の時代からそこにあった、内在的価値観から出現したものなのだ」[*3]

例えば、ほかの霊長類が太古の内在的価値観にしたがって、堺事件を彷彿とさせるような社会的葛藤をどう解決するかを見てみよう。主役は日本から海を超えた東南アジアに暮らす旧世界ザルの一種、ベニガオザルだ。ほとんどの霊長類でそうであるように、ベニガオザルの社会においても葛藤は日常茶飯事だ。社会のはしごのどこに誰が座るかは闘争によって決まる。ベニガオザルは最大六〇頭の集団で生活する。アルファオスは群れの守護者としてふるまい、同時にメスと交尾して子をもうける独占的権利をもつ。

　アルファオスはときに若いオスから挑戦を受けることがあり、こうした場面で自身の優位を示さなくてはならない。仮定のシナリオだが、アルファオスが熱心にメスの毛づくろいをしているところに、ふらりと若いオスがやってきたとする。若いオスは座り込み、自分の指をメスの毛に通して、ダニを探し始める。社会的地位を考えれば、メスの毛づくろいの優先権をもつのはアルファオスであり、このような違反は許されない。アルファは生意気な若いオスを叱責しようと、彼の頭をはたく。すると若いオスは、お詫びにくるりと後ろ向きになり、アルファの顔に自分の尻を近づけて振る。アルファはこれを悔恨のあらわれと認め、尻をわしづかみにして、そのまましばらく静止する。関係はこれにて修復され、すべて元どおりという信号だ。ここから、アルファと若者はいずれも、何らかのルール違反があったことを知り、誰が優位かを明確にするために何かをすべきだと認識していることがわかる。[*4]

　マカクなどの社会性動物は、群れのなかでとるべき行動と避けるべき行動を定めるコードに従って生きている。研究者たちはこのコードを「規範（norm）」と呼ぶ。これから見ていくが、ヒトも行動を指南する規範をもつ。だが、人類は道徳という形で自身の行動を規定する新たなコードも獲得した。規範とは異なり、道徳は僕たちにある行動をとるべきだと教えるだけでなく、なぜその行動をとるべきかも教える。橋詰が自分は切腹すべきだと考えたのは、それが天皇陛下をたたえるおこないであり、また自分が侍として死ぬことができる道だったからだ。デュ・プティ＝トゥアールが死刑を中止すべきだと考えたのは、それが不要な苦しみを生み出していると考えたからだ。規範は社会の根底を流れる暗黙のルールだが、道徳は明示的に検討され、評価され、決定される。その主体は、個人、社会や文化、あるいは神であることさえある。

この章では、これまでに出会ったヒトの認知能力（因果推論、死の叡智、心の理論など）が、動物がもつ規範を材料として、人類の道徳観を形成していったことを論じる。一方で、ヒトがもつ完成された道徳的思考をもち合わせていないにもかかわらず、たいていは動物たちのほうが倫理的にまっとうなふるまいをすることも指摘したい。知ってのとおり、ヒトの道徳的推論はしばしば、ヒト以外の動物たちの規範的行動よりも多くの死と暴力と破壊をもたらす。だからこそ、僕に言わせれば、人類の道徳性はできそこないなのだ。

ベニガオザル型の修復的正義なら、堺事件をどう解決しただろう。例えば、アルファオスのような地位をもつ日本側に集落を守る権利があることを、フランス側が認めたとする。そして、上陸中の水兵たちの下品なふるまいについて、償うべきはデュ・プティ＝トゥアールだと判断されたとする。侍たちが外の広場に座って見守るなか、軍服を着たデュ・プティ＝トゥアールがひざまずいている橋詰に歩み寄り、彼の前で四つん這いになって、臀部を高く差し出す。橋詰はデュ・プティ＝トゥアールの尻をわしづかみにし、数分間その姿勢を保つ。見守る群衆はみな納得してうなずく。誰も死ぬ必要などない。そこには名誉の概念や、政治的な動機に基づく報復もない。あるのは和解と、侍がフランス人のお尻にハグする心温まる光景だけだ。

## ボトムアップ

ヒトを含めすべての動物は、検証を受けない暗黙の不文律に従って生き、そして死ぬ。科学者や哲学者は、ある動物の社会のなかでどんな行動が許され、あるいは期待されるかを定めるこの不文律のことを「規範」と呼ぶ。ヨーク大学の哲学者クリスティン・アンドリュースとエヴァン・ウェストラは、動物社会を支配する規範に基づくシステムを「規範的秩序」と呼び、「社会的に維持される、あるコミュニティ内における行動の調和のパターン」[*5]と定義した。

アンドリュースとウェストラが注目するこのような調和のパターンは、動物をしばらく観察したことがある人なら、誰の目にも明らかだ。例えば、うちのニワトリたちの間には、僕が柵越しに投げるスパゲティを誰が最初に食べるかに関して、明確な行動パターンが存在する。つつきの順位で圧倒的優位にあるシャドウは、僕が投げる餌をいつでもまっさきに口にする。一方、順位が最下位に近いドクター・ベッキーは、集団の外れのほうでうろうろしている。仮にドクター・ベッキーが自分の順番を待たずに力ずくでスパゲティを奪おうとすれば、彼女はシャドウにつつかれるだろう。ドクター・ベッキーは誰が最初に食べるかを定める規範に背いたことになるからだ。うちのニワトリたちは、食事の順番に関してするべきこととしてはいけないことを定めるシステム（つつきの順位）をもっていて、これにより集団の調和のパターンを維持しているのだ。

規範とルールは同義ではないと、ウェストラは僕にEメールで説明してくれた。「現実には、動物がある行動をとるときに、どんなルールに従っているか（そもそもルールがあるとして）を判断するのはとても難しい」ことに加え、「多くの哲学者や認知科学者は、実際にルールがあるかどうかよりも、感情が社会的規範の中核部分を担っていると考えている」ためだという。規範が侵害されると、その結果はしばしば（違反した側にもされた側にも）ネガティブな感情を伴い、ときには積極的な懲罰がおこなわれる。規範の侵害に伴う不安、不快感、あるいは怒りが、動物たちを規範に従わせるプレッシャーになるのだ。規範の侵害のあとには、ふつう原状回復のための行動がとられ、これによりネガティブな感情が払拭される。シャドウがドクター・ベッキーをつつくことや、ベニガオザルお得意のテクニックである和解のための尻つかみがそうだ。動物たちが感じる、規範に従うべきだというプレッシャー、そして規範が侵害されたときに経験するネガティブな感情という結果が、すべての動物集団の社会構造を維持しているのだ。

ニワトリなどの動物が、ネガティブな感情を介して行動を起こしたり抑えたりする社会的規範を構築するのに、さほど複雑な認知は必要ない。ニワトリは心の理論によって、ほかのニワトリがつつきの順位について何を知っているのかを推測しなくてもいい。それに、なぜドクター・ベッキーは最後まで待つべきなのかや、このシステムがなぜ公平で正当と言えるのかを、因果推論を用いて熟考しなくてもいい。感情が行動パターンを制御し、それ以外の思考は関与しない。動物がもつ規範のほとんどはこのように作用する。というか、ヒトがもつ規範だって、たいていはこんな具合だ。

ヒトの行動は内在化された規範に支配されているが、それらは明示的に教えられるわけではない。規範は検証を受けず、教えられることもないため、善悪や正誤の概念にあてはまらず、したがって道徳のレベルに達していない。例えば、誰かの顔を拭うことは許されるかどうかという規範を考えてみよう。

あなたが暮らしている社会では、ナプキンを片手に見知らぬ通行人に歩み寄り、その人の口角についている食べ物の汚れを拭うことは、おそらく受け入れられないだろう。こうした行動は、自分の子どもや恋人（ひょっとしたら親友も）といった親密な仲の相手に限ってとられるもので、赤の他人に対して示されることはありえない。誰から教わったわけでもないのに、あなたはこのルールを尊重している。それに、あなたが顔を拭うことに関するルールについて考えたり読んだりしたのは、これが初めてではないだろうか。だとしたら、それは僕が言及するより前に、あなたがルールを内在化していた証拠だ。知らない人の顔をナプキンで拭おうとしたら、あなたはきっと気まずい思いをする。これは規範の典型的な特徴だ。言語化されないルールが、あなたの感情を操作し、あなたの行動の道筋を定める。

ヒトを含む動物の心には、規範的行動を生み出すよう促す、さまざまなタイプの感情が存在する。そのなかには、ただの居心地の悪さよりもずっと複雑なものもある。[*6] 例えば、公平感という感情を考えてみよう。ある実験で、参加者に飢えた子どもたちへの食料分配に関する意思決定をしてもらうと、食料が不公平に分配されている場合には、情動反応に関与する脳部位である島皮質が活性化した。[*7]「島皮質が情動と公平性判断に関与していることから、情動は公平性判断の基盤をなしていると言えるでしょう」[*8]と、この研究論文の筆頭著者であるミン・シューはABCニュースのインタビューで語った。言い換えれば、公平感や平等感はヒトの脳の高次の道徳的判断ではなく、僕たちの意識の周縁部に潜む、情動が駆動する規範なのだ。そんなわけで、ヒト以外の動物の心のなかにも公平感や平等感が存在するのは、決して意外なことではない。

動物が公平感をもつことを示したもっとも有名な研究はおそらく、サラ・ブロスナンとフランス・ドゥ・ヴァールによるものだ。彼らはオマキザルの集団がもつ社会的不平等に対する感受性を、同じ課題の達成に対して種類の違う餌を報酬として与えるという方法で検証した。二〇一一年のTEDトークでドゥ・ヴァールが観客に見せた動画では、二頭のメスのオマキザル（ランスとウィンター）が隣り合ったケージに入っている。実験者がランスのケージに小石を入れ、ランスが実験者に小石を手渡すと、ランスは報酬としてキュウリのかけらをもらう。次に、実験者はウィンターのケージに小石を入れ、ウィンターが実験者に小石を返すと、ウィンターは報酬としてブドウ一粒をもらう。オマキザルはキュウリよりブドウのほうがずっと好きで、ランスは隣でおこなわれる物々交換に興味津々だ。さて、実験者は再び小石をランスのケージに入れ、またもや小石とキュウリを交換する。ランスはご褒美を口に入れ、それがブドウではなくキュウリだと気づくと、乱暴に実験者に投げつける。そして怒りにまかせて机を叩き、ケージを揺する。これは、同じ課題をこなしたのに低い報酬しかもらえなかったことに、ランスが不公平感を覚えた証拠だ。ランスは公平性規範の侵害に反応したのだ。

しかし、だからといってランスが道徳観をもち合わせているとはかぎらない。もちろん、道徳律を導く公平感を基盤として、人類は法と正義のシステムを築きあげた。堺事件でフランス人と日本人がそれぞれのやり方をとおしたのもこのためだ。だが、無意識の公平感は、例えば侍のコードがもつ道徳的複雑性に比べれば、ぼんやりした影のようなものだ。「感情だけでは不十分だ」と、ドゥ・ヴァールは論じる。「だからこそ、われわれは論理的一貫性のあるシステムを苦心して作り上げ、生命は神聖なものであるという主張と死刑制度は両立しうるか、あるいは生まれつきの性的指向が道徳的に誤りであることはありうるかといった議論を闘わせる。こうした議論はヒトに特有だ。ヒトの道徳性の特異な点は、普遍的基準へと引き上げようとする試みと、正当化、監視、罰からなる複雑なシステムを伴うことだ」[*9]

動物と違って、ヒトは複雑でよく練られた根拠を伴う、形式的で明示的なルールによって、何が正しく何が間違っているかを規定する。そして、僕たちは動物と違い、文化や社会の移り変わりに合わせて、常に何が正しく何が間違っているかの範囲を微調整している。こうした形式化された思想の一部は、道徳や倫理の本質に関する哲学的および宗教的議論に由来する。例えば、なぜブタを食べてはいけないかについて、人々はさまざまに異なる理由をあげる。ユダヤ・キリスト教系の宗教指導者は、聖書で「不浄の」動物とされているブタは食べてはならないと説く。[*10]動物搾取廃絶論と呼ばれる、あらゆる形式の動物の利用は本質的に誤りであるという主張を掲げる哲学者なら、感情をもつヒト以外の動物は生まれつき誰かの所有物として扱われない権利をもつ、だからブタを食べてはいけないと言うかもしれない。あるいは議員に言わせれば、ブタを食べること自体は問題ないが、認可を受けた食肉処理場で有資格者の従業員によって屠畜され、関連する公衆衛生規則を遵守して加工された場合に限る、となるだろう。このような正当と不当を定める道徳や法体系はすべて（そして正当と不当の定義そのものも）、概念を意識的思考のなかに保持し、言語を介してそれを形式化することのできる、ヒトの能力におおいに依存している。

それなら、ホモ・サピエンスはどうやって、ほかの動物たちと同じ規範的秩序をもとに、道徳体系を作り上げたのだろう？　言語などの認知能力は必須だったのか？　発達心理学者のマイケル・トマセロは著書『道徳の自然誌』のなかで、ヒトの道徳は「協力の一形態」であり、人類が「新しい、種に特有の社会的相互作用や社会構造に適応するなかで」創発し、これによりホモ・サピエンスは「超協力的霊長類」になったと論じた。[*11] トマセロの考えによれば、こうした協力ベースの道徳性の進化は、初期段階においては言語に依存せず、むしろ心の理論を前提としていた。僕たちの進化の歴史におけるある時点（第1章で出会った、バリンゴ湖畔の祖先たちが出現するよりも前のどこか）で、古代のヒト族はそれまでなかった行動をとるようになったと、彼は想像する。ペアで協力して狩りをするようになったのだ。パートナーと共同で狩りをするには、ほかの人物があなたと同じ目標（例えばレイヨウを殺す）をもっていることを理解する必要がある。「共同志向性（joint intentionality）」と呼ばれる、ほかの生きものの目標を理解するこの能力は、心の理論（こちらは目標だけでなく、他者の信念の理解にまで及ぶ）の先駆けだ。ヒト以外の一部の動物（チンパンジーなど）でも、ある程度の共同志向性を前提とする狩猟行動の証拠が見つかっている。[*12] トマセロが想像するシナリオでは、協力してレイヨウを狩るためにパートナーがどんな行動をとるべきかについて、お互いに明確な期待をもっており、ここから「われわれ」という感覚が創発する。そして例えば、獲物を捕えたあとで肉を分配する正しいやり方について、「われわれ」のどちらも狩りへの貢献度に応じて公平に見返りを得られるような、ルールや規範が形成され始める。

約一〇万年前、人類がより大きな集団を形成し始めるにつれ、ヒトの道徳の進化は次なる段階に足を踏み入れた。共同志向性から集団的志向性（collective intentionality）への移行だ。二人の狩人のペアからなる「われわれ」は、人類進化の歴史のどこかの時点で、部族集団の「われわれ」へとアップグレードされた。僕たちの祖先は、お互いが何を考えているのかを（完成された心の理論によって）よりうまく推測できるようになり、また言語を用いてお互いの考えを探り、大集団の行動を協調させることができるようになった。人類集団が別の人類集団と競合し、闘争するようになると、部族が共有する「われわれ」と「彼ら」という感覚は、「われわれ」の一員でい続けるために何をすべきかを定める、新たなルールの礎を築いた。こうした集団的志向性と言語能力が結びつけば、大規模な社会集団のなかでの個人の行動を規定する、成文化されたルールや法律の萌芽へと至ることは、想像にかたくない。

とはいえ、社会の大規模化に伴って形成された人類の道徳観の原材料は、言語と心の理論だけではない。ヒトはほかの動物と異なり、自分の心に湧き上がる規範的感情の本質や起源に思いを馳せることができ、それらがどこからきたのかだけでなく、そもそもなぜ存在するのかを、自分自身に問いかけることができる。こう言ってはなんだが、この地球に暮らす人類のほとんどは、規範は社会的相互作用を調整するのに役立つ太古の進化的適応であり、多くの動物種にも見られるという考えに賛同しないだろう。たいていの人は、道徳的行動を生み出す規範は、ある種の超自然的存在によって僕たちの心に植えつけられたものだと主張するはずだ。あるいは、ヒトの存在の根幹には普遍的道徳律が織り込まれていて、それについて熟考できるのは特別な心的ツールをもつ僕たちだけである、と言うかもしれない。こうした主張は、「なぜ」のスペシャリストという僕たちの特性がもたらす当然の帰結だ。このような理由の探求と死の叡智が組み合わされば、「なぜ人は死ななければならないのか?」という疑問が浮上する。そしてこの疑問は、死後に起こるかもしれないことも考慮して、現世でどのようにふるまうべきかという問題と、コインの裏表の関係にある。このような問いに対するもっともありふれた答えは、天国と地獄、輪廻といった宗教的な説明だ。超自然的存在を前提としないものも含めて、道徳の起源や価値、よき人生の送り方に関する説明はみな、「なぜ」のスペシャリストである僕たちに特有の思考の産物だ。哲学者たちは何千年にもわたり、僕たちの行動の指針となる形式化された道徳体系を打ち立ててきた。

これらはみな、何がよい行いで何が悪い行いなのか、なぜ人は特定の行動をとるべきなのかといった問題に、システマティックな思考をあてはめた結果として生まれたものだ。

ヒトの道徳的行動の特異な点は、形式化、分析、修正、そして大規模な敷衍(ふえん)が可能であることだ。このおかげで、理屈のうえでは、僕たちはほかの動物よりも洗練された善悪の概念をもつことができる。ヒト以外の動物たちは、限られた数の感情に基づいて(明示的なルールや法律ではなく)行動規範を生み出し、きわめて小規模に運用することしかできない。このような固有の認知特性のおかげでヒトは高度に道徳的な動物になることができた、と主張したくもなる。あるいは、ヒトは「唯一の道徳的動物」であるとする、トマセロのような論者もいる。でも、僕に言わせれば、ヒトは道徳的思考に従って行動するからこそ(進化的に見て)完全にトチ狂った行為をやらかすし、そのせいでむしろほかの動物よりも道徳的に劣化してしまった可能性もあると思う。有益な行動を生み出し、苦痛を最小化する能力を「道徳」と定義するならの話だ。なぜそう言えるのかは、現在カナダで連日報じられているニュースのヘッドラインを見れば一目瞭然だ。

## 町を救うために町を破壊しなければならなかった

カナダの初代首相を務めたサー・ジョン・アレクサンダー・マクドナルドは、西洋白人文化はほかのすべての文化に優越すると信じ、またカナダ先住民を西洋社会に統合することは道徳的責務とは言わないまでも、崇高な目標であると考えた。彼の在任中、カナダ政府は一八七六年インディアン法を制定し、ファーストネーションの人々を西欧文化に同化させるための方針の概略を示した。そこには先住民独自の宗教儀式や文化行事の禁止も含まれた。

しかし、政府は同化をさらに迅速に進めるため、より積極的な制度を施行する必要があると考えた。自然な流れとして、彼らはインディアンの若者たちの再教育に目をつけた。こうした狙いを背景に、一八八三年、「先住民の子どもたちを家族から隔離し、家族の絆と文化的つながりを最小化して弱めつつ、子どもたちに新たな文化、すなわち法的優位性をもつヨーロッパ系キリスト教徒カナダ社会の文化を教え込む[*13]」ことを目標に掲げる、寄宿学校制度が認可された。サー・ジョン・アレクサンダー・マクドナルドは一八八三年、寄宿学校の設立を擁護し、下院で次のように演説した。

保留地に学校を置けば、子どもは野蛮人である両親と生活をともにする。野蛮人に囲まれた子どもは、読み書きは覚えられるだろうが、習慣や規律や思考様式はインディアンのままだ。子どもはただの読み書きのできる野蛮人になる。行政の長として、わたしにはインディアンの子どもたちを両親の影響からできるかぎり遠ざけるという重大な責任があり、その唯一の方法は、白人の習慣や規律や思考様式を習得できる、政府直轄の職業訓練学校に彼らを所属させるというものだ。

カナダの寄宿学校制度は、連邦政府が資金を拠出し、運営はローマカトリック教会、アングリカン・チャーチ、メソジスト教会、長老派教会、カナダ合同教会が担った。一八九六年までにカナダ全土に四〇の寄宿学校が設立された。一九二〇年には、七歳から一六歳までのすべての先住民の子どもたちに寄宿学校への在籍が義務づけられた。こうして、わずか四、五歳の子どもたちが強制的に家族から引き離され、何千キロも離れた寄宿学校に入れられる悲劇が、数え切れないほど繰り返された。寄宿学校のサバイバーであるアイザック・ダニエルズは、一九四五年、サスカチュワン州ジェームズ・スミス保留地にあった彼の自宅に「インディアン執行官（連邦政府職員）」がやってきて、彼を寄宿学校に連れ去った経緯をこう説明する。

僕には一言も理解できなかった。僕が話せたのはクリー語だけで、クリー語は僕の家族の共通語だった。父さんは怒っていた。父さんが何度もインディアン執行官を指さすところを見た。その日の夜、寝る時間になって、僕たちは一部屋だけの小さな家にみんなで住んでいたので、父さんが母さんに話す声が聞こえた。父さんは涙声で、このときはクリー語で話していた。「子どもたちを寄宿学校にやるか、おれが牢屋に入るかだ」父さんはクリー語で言った。だから僕にも聞き取れた。それで翌朝、みんなが目を覚ましてから、僕はいったんだ。「わかった、僕は寄宿学校に行くよ」だって、父さんが牢屋に入るのは嫌だったから。

学校に着くと、兄弟姉妹は引き離され（家族の絆をさらに断ち切るため）、母語の使用は禁止された。学校は悲惨な状態だった。隙間風が吹き込み、寒く、過密で、衛生状態は劣悪。食料と水すら満足に提供されなかった。感染症が蔓延し、教会指導者や教職員による身体的・性的虐待が横行した。政府の報告書によれば、「効果的な規律を考案し、採用し、統制することに失敗したために、寄宿学校の壁の内側では先住民の子どもたちに何をしてもいいという、暗黙の了解が広まった。生徒たちへの恐るべきレベルの身体的・性的虐待への扉がいともたやすく開かれ、制度の存続中ずっと開かれたままだった」[*14]となっている。

一九五六～五七年の間に、寄宿学校の在籍生徒数は一万一五三九人のピークを迎えた。最後の寄宿学校が閉鎖された一九九六年までの通算では、在籍生徒数は一五万人にのぼる。寄宿学校制度が存続した百年以上の間に、少なくとも三二〇〇人の子どもたちが学校で命を落とした。判明している死因でもっとも多かったのは結核だったが、過半数（五一％）のケースでは死因が特定されていない。校内での死者数や感染者数は当時の国内平均をはるかに超えていた。校内で亡くなった子どもたちの遺体が埋葬のため家族に引き渡されることはほとんどなく、校庭に作られた墓地に（しばしば名前すら刻まれることなく）埋められた。

カナダインディアン寄宿学校の惨状は、真実和解委員会（TRC）の二〇一五年の報告書でついに暴露された。TRCの設立は、七〇〇〇人以上の寄宿学校サバイバーからなる原告団がカナダ連邦政府に対する集団訴訟で勝訴したあとで結ばれた合意のなかで定められたものだ。TRCの報告書によれば、カナダ政府はカナダ先住民との最初の接触の段階から、文化的ジェノサイドの達成を目標としていた。「校長が年次報告書のなかで、前年に死亡した生徒数だけを記述し、名前をあげないことは珍しくなかった」と、報告書は指摘する。学校が閉鎖されると、名前のない子どもたちの遺体は忘れ去られた。ファーストネーションの人々の数十年にわたる訴えを経て、埋葬地の調査はようやく始まったばかりだ。とうとう子どもたちの遺体と名前が取り戻されるときがきたのだ。

二〇二一年五月二七日、ブリティッシュコロンビア州カムループスのファーストネーションコミュニティであるトゥカムループス・トゥ・セフウェップェンフから依頼を受けた地中レーダー探査の専門家チームは、暫定報告書を公表し、カムループス・インディアン寄宿学校の跡地から二一五人の子どもたちの遺骨が発見されたと述べた。一カ月後、サスカチュワン州マリーヴァルのマリーヴァル・インディアン寄宿学校の跡地で、七五一人分の名前のない墓が見つかった。これを書いている二〇二一年夏の時点で、カナダのニュースメディアは寄宿学校でおこなわれた残虐行為の数々を暴露し、カナダ国民は自国政府が多数のキリスト教会幹部と結託して文化的ジェノサイドを積極的に推進したという事実と向き合っている。

これらの残虐行為は、本質的に道徳的推論の産物だ。サー・ジョン・アレクサンダー・マクドナルドは、寄宿学校は道徳的に正しく、先住民の子どもたちを西洋の近代的価値観に適合させるための最善策だと考えていた。教会もまた同様の使命感をもって制度を運用していたが、彼らの場合、それは聖書の解釈から直接導き出されたものだった。新約聖書のなかで、イエスは弟子たちに、福音を広めることが神の意志であると語る。マタイ福音書二八章一九・二〇節において、イエスは説く。「それゆえに、あなたがたは行って、すべての国民を弟子として、父と子と精霊との名によって、彼らにバプテスマを施し、あなたがたに命じておいたいっさいのことを守るように教えよ」。カナダで一七世紀に始まり、寄宿学校に場所を移して一九九六年の完全閉鎖まで続いた宣教活動は、このような神授の戒律に基づいていた。マウント・エルギン寄宿学校の校長だったサミュエル・ローズ牧師は、チペワ族の若い生徒たちを彼ら独自の文化から切り離す必要性について、次のように述べている。

この教育は新たな世代を生み出すためのものである。新世代の子どもたちは、彼らの祖先の作法や習慣を続けるか、それとも知的・道徳的・宗教的により高度に成長し、改善された知的な地球上の民族として地位を確立し、世界の大舞台で自身の役割を果たすか、もしくは必要な資質を欠いたまま、地位を確立することも役割を果たすこともなく、軽蔑され舞台から降ろされて、やがては消滅するかだ！[*15]

これこそ、神聖なる道徳的推論が文化的ジェノサイドを正当化した証拠だ。

カナダの寄宿学校プログラムに関与したすべての教会は、おぞましい行為に手を染めたことを認め謝罪を表明した。寄宿学校の七〇％を運営していたカトリック教会がついに謝罪を表明したのは二〇二二年四月のことで、ファーストネーション、イヌイット、メティス〔訳注：ファーストネーションとヨーロッパ人の混血子孫〕の代表団がローマを訪れ、教皇フランシスコにカナダ寄宿学校制度への教会の関与を認め謝罪してほしいと請願したあとでようやく実現した。彼らが謝罪にこれほど消極的だった理由は推測の域を出ないが、教会が結局のところ、自分たちが悪いことをしたとは思っていなかった可能性は否定できない。一部の教会指導者の主張はそう言っているも同然だ。カムループスの寄宿学校跡地で子どもたちの遺体が発見された報道を受けて、オンタリオ州ミシサガのあるカトリック神父はYouTubeに自身の説教の動画を公開した。そこで彼はこう述べている。「国民の三人に二人は、起こってしまった（カムループスの）悲劇に関して、わたしたちが愛する教会を非難している。同じくらい多くの人々が、これらの学校でなされた善について教会に感謝するだろうと、わたしは思う。だがもちろん、そのような質問がなされることはないし、そこで善がなされたということすら、わたしたちには許されない」[16]

この例から、人類の道徳能力の暗い現実が浮き彫りになる。僕たちヒトは、道徳的見地から、ジェノサイドを正当化できるのだ。文化的ジェノサイドだけでなく、特定の人種・民族集団全体を、子どもたちも含めて皆殺しにすることさえも。ナチスの戦争犯罪者が裁かれたニュルンベルク裁判で、親衛隊（SS）指揮官のオットー・オーレンドルフは、数万人のユダヤ人の子どもたちの殺害を監督した自身の行為の正当性を平然と説明した。「（総統の）命令は単なる安全の達成ではなく、恒久的安全の達成であったという事実を踏まえれば、容易に説明できます。子どもたちが成長すれば必然的に、両親を殺された子どもたちであるがゆえに、両親に匹敵する脅威をもたらすためです」[17]。つまり、将来世代のドイツ人の安全を保障するため、ユダヤ人の子どもたちを絶滅させ、彼らが成長して両親を殺害したナチスを憎むことがないようにする必要があったというのだ。長期的視点から社会の苦痛を最小化するための試みという意味においてのみ、彼の主張は道徳的論理に根ざしていたが、同時に信じがたいほどに忌まわしく、恐ろしいものだった。僕たちはいまでも、ナチスですら自身の行為を正当化できたという事実に戦慄する。

カナダ寄宿学校が最初に設立された瞬間から、たくさんの政治指導者や宗教指導者が、自分たちを（ナチスがそうだったように）善行の担い手とみなした。先住民の子どもたちの苦難や死は、最終的には報われると考えた。一九一三年から一九三二年までインディアン管理局の局長代理を務めたダンカン・キャンベル・スコットのぞっとするような発言を見てほしい。

インディアンの児童がこれらの学校において過密状態で生活したために、疾病への自然免疫を失い、集落よりもはるかに高い確率で死亡したことは紛れもない事実だ。しかし、それだけで当局の方針が変更を迫られるわけではない。当局の方針はインディアン問題の最終的解決を目的とするものである。[*18]

このたぐいの道徳的推論は、ヒトに固有の認知能力があって初めて成り立つ。翻って、動物が同種集団のなかで示す規範に導かれた行動は、このあと詳しく見ていくが、ふつうはるかに暴力性や侵襲性が低い。動物の群れにも子殺し（僕たちの親戚である大型類人猿やイルカなどに見られる）や集団内暴力による死亡の例はあるが、道徳的見地からの正当性を後ろ盾にして、同種個体群の一つの下位集団を組織的に全滅させるような認知能力を、彼らはもち合わせていない。

## ゲイのアホウドリの叡智

ヒト以外で、同種個体間の忌まわしい暴力の好例（悪例？）と言えるのはチンパンジーだ。ほかのヒト以外の大型類人猿と比べ、チンパンジーは血に飢えた殺し屋として悪名高い。文字どおりの意味でだ。対立するチンパンジーの集団どうしはなわばりをめぐって公然と闘い、ときに相手を殴り殺す。それだけでなく、彼らは敵のなわばりにこっそりと侵入して奇襲をかけ、標的としたライバルのオスを殺すこともある。霊長類学者のリチャード・W・ランガムとサイエンスライターのデイル・ピーターソンは著書『男の凶暴性はどこからきたか』のなかで、こうした襲撃は「過剰なまでの残虐性に特徴づけられる。皮膚を引き裂き、手足をねじって折り、被害個体の血を飲むといった行為は、ヒトの間で平時におけるおぞましい犯罪、あるいは戦時残虐行為とみなされている行為を思い起こさせる」[*19]と述べている。

霊長類学者のサラ・ブラファー・ハーディーも、二〇一一年の著書『母親と他者：相互理解の進化的起源（Mothers and Others: The Evolutionary Origins of Mutual Understanding）』の冒頭のページで、チンパンジーの暴力性について語っている。[*20] 彼女いわく、ヒトは飛行機にすし詰めにされて、そこにたとえ横柄な乗客や泣いている赤ちゃんがいても、暴力に訴えることなく何時間も過ごすことができる。「もしわたしがチンパンジーで満席の飛行機に乗っていたら？」と、彼女は問いかける。「手足の指を一つも失うことなく降機でき、赤ちゃんが襲撃されずにまだ息をしていたら、相当ラッキーだ。通路には血まみれの耳や指が散らばっていることだろう」。要するに、チンパンジーは恐ろしく暴力的で、しばしばあからさまな殺意を抱き、互いにそれを向けあうのだ。

しかし、こんな行動でさえ、人類が実行するたぐいの暴力や、それを正当化するヒトの道徳的推論と比べれば色あせて見える。チンパンジーが対立集団のすべての個体を（オスもメスも、幼児も新生児も）殺すようすが観察された事例は一度もない。チンパンジーが闘争する際に従っている暗黙の行動ルール、すなわち規範は、ライバル集団から少数の個体（通常は大人オス）だけを排除して、脅威になりかねない勢力を削ぐというものだ。もしも彼らにヒトのような認知能力があり、規範を形式化して道徳を打ち立てることができたなら、こうした襲撃ははるかに大々的で破壊的なものになるだろう。だが、チンパンジーにそんな能力はない。対照的に、ヒトは戦争に際し、子どもを含む非戦闘員でいっぱいの都市をまるごと殲滅（せんめつ）させることでさえ、戦争に勝利し平和をもたらすという（道徳的見地から擁護できる）大義に資するとして正当化する。「町を救うために町を破壊しなければならなかった」というのは、ベトナム戦争中に子どもたちの残るベンチェの町の爆撃を正当化した、ある米国陸軍少佐の悪名高いせりふだ。[*21] あまりに多くのヒトの道徳的判断がそうであるように、民間人を殺すという米軍の判断は、チンパンジーにはないヒトに固有の道徳的推論能力（規範的行動を形式化し、分析し、修正し、大規模に敷衍する能力）に由来する。これこそが、ヒト以外の動物のなかでもっとも暴力的な種でさえ、僕たちの暴力性には遠く及ばない理由だ。確かに、サラ・ブラファー・ハーディーが『母親と他者』で論じるように、ヒトがもつ協力的性質のおかげで「面と向かって相手を殺すことのハードルは、チンパンジーよりもヒトにとってきわめて高い」し、だからこそ毎年一六億人が飛行機に乗っているにもかかわらず「手足を引きちぎられる事件の報告はいまだ皆無」だ。けれども、ベンチェの子どもたちの爆撃や、インディアン寄宿学校の設立のような、チンパンジーがかすむような人類の残虐行為を可能にしてきたのもまた、ヒトのこの協力性なのだ。[*22]

だが、ヒトは複雑な道徳的推論能力のせいで、しばしば不必要に暴力的な規範を強制するという僕の主張に納得してもらうために、戦争の話はしたくない。それより同性愛の話をしよう。生物学者のジャック・バルタザールは、著書『同性愛の生物学（The Biology of Homosexuality）』の序章でこう述べた。「ヒトにおける同性愛は、完全にとは言わないまでも、その大部分が、胎児期および出生直後に作用する生物学的要因によって決定される」。すなわち、個人の性的指向は誕生の時点でおおむね確定しているのだ。彼の結論は、動物における同性間性行動の研究を通じて得られたものだ。同性愛はヒトに特有どころか、ほとんどの動物種に普遍的に見られることを示す証拠が山ほどある。動物行動学や生物学を学ぶ研究者にとってはおなじみの話で、バルタザールもこう書いている。「本書を読む科学者は、「そんなの前から知ってるよ」と思うだろう……しかし、これらの情報はなぜか研究室の外の世界に広まっていないか、あるいは十分に決定的な事実として提示されておらず、この問題に関する一般大衆の意見に影響を与えていない」

　彼の言うとおりだ。僕が動物行動学の話のなかで、動物界に同性間性行動がいかにありふれているかに言及すると、とてもたくさんの人たちが衝撃を受けるので、むしろこちらが驚いてしまう。ゲイの動物の存在を疑う人たちには、ブルース・バジェミールの著書『生命のにぎわい（Biological Exuberance）』を勧める。一九九九年刊行のこの本では、三〇〇種以上の動物たちが示す、同性愛というカテゴリーにあてはまる多様な行動が詳述されている。同性間のセックス、愛着、ペアの絆、子育てなど、何でもありだ。進化は動物が繁殖し子を残すことを前提としているというのに、同性愛がこれほどまでに広く見られる事実は、奇妙に思えるかもしれない。反同性愛団体は好んでこうした話題をもち出し、同性愛行動は「不自然」だという（誤った）印象を与えようとする。しかし、動物の同性間性行動に関する文献にあたれば、どの種においても同性間性行動は集団の繁殖速度に負の影響を与えておらず、何の問題もないとわかる。例えばコアホウドリだ。この巨鳥は生涯にわたるペアの絆を形成し、二個体は数十年にわたってずっと連れ添い、交尾し、協力して子を育てる。こうした生涯にわたるペアの絆の一部は、同性個体の間で結ばれる。オアフ島に棲むコアホウドリを調べたある研究では、ペアの三分の一がメスどうしのカップルだった。[*23] ただし、こうしたケースのほとんどで、片方または両方のメスがどこかの時点でオスと交尾し、有精卵を産んで、メスどうしで育てあげていた。動物界の同性愛行動の多くはこのような事例で、同性間の性行動は個体がもつ典型的な行動レパートリーの一部でしかなく、繁殖は変わらずおこなわれるため、種の存続が脅かされることはない。ボノボがいい例だ。ボノボはどの個体も同性および異性のパートナーと頻繁にセックスに興じるため、ゲイだらけであると同時に、子どももたくさん生まれる。

同性個体だけに性的に惹かれる現象は相対的にまれだが、例がないわけではない。ある推定によれば、家畜のヒツジでは、オスの一〇%がほかのオスとの交尾にしか興味を示さない。[*24] この現象を調べた研究チームによれば、ゲイのヒツジとストレートのヒツジには脳に違いが見られ、前者の視床下部にはより密集したニューロンの塊があるという。この違いの原因は、胎児期にオスのヒツジが曝露されるエストロゲンの相対濃度にある。つまり、バルタザールが著書で論じるように、これらのオスたちは生まれつきゲイなのだ。こうした事例のどれを見ても、動物界において（生まれつき）ゲイであることはまったく異例ではないし、物議をかもすものでもないとわかる。

同性個体に性的に惹かれる現象はじつにありふれていて、しかし同性愛行動が確認された数百種の動物たちの存続を脅かしてはいない。これが理由で、ヒト以外のどんな動物にも、同性間性行動にふける個体を罰する社会的規範を進化させた形跡は見つからない。要するに、ヒトに特有なのは同性への性的指向ではなく、同性愛嫌悪（ホモフォビア）のほうなのだ。

もちろん、過去と現在のたくさんの文化において、同性愛は常態化し、受け入れられ、ときには奨励すらされてきた。例えば、日本では歴史の大半を通じ、同性間の性的関係は背徳とはみなされず、男性どうしの愛とセックスは武士階級と密接に結びついていた。[*25] 橋詰愛平と仲間の侍たちにとっては、問題視するようなものではなかったはずだ。しかし、多くの現代文化、とりわけユダヤ・キリスト教にルーツをもつ西欧、中東、アフリカ文化において、同性愛は社会的に許されない物議をかもす行為であるだけでなく、違法行為であり、実行者は極刑に処されることさえある。イランでは、一九七九年のイスラム革命後に制定されたイスラム刑法により、男性どうしの性行為は死罪とされ、違反者は処刑される。ピュー・リサーチ・センターの二〇一三年の調査によれば、中東の多くの国々では同性愛への否定的な見方が根強く、同性愛を「認めるべきでない」とする回答者の割合は、ヨルダンで九七%、エジプトで九五%、レバノンで八〇%にのぼった。[*26] ＬＧＢＴＱの人々への寛容を掲げる現代の西側諸国においてさえ、ユダヤ・キリスト教的価値観に根ざした反同性愛感情が蔓延している。転換療法（個人がもつ望ましくない「不自然な」性的指向を、さまざまな形式の「セラピー」によって変化させようとする試み）は米国のほとんどの州で合法であり、しばしば未成年者が対象となる。こうしたセラピストはキリスト教の信仰をよりどころとしていることが多い。だが、二〇〇九年に米国心理学会タスクフォースが発表した報告書によれば、「科学的妥当性を備えた研究結果によれば、（転換療法によって）個人がもつ同性への性的指向が減退し、異性への性的指向が増進される可能性はきわめて低い[*27]」。

道徳的見地からの同性愛の拒絶は、必ずしも宗教に起因するとはかぎらない。世俗政党として有名だったナチスが同性愛（とりわけ男性間の同性愛）を認めなかったのは、規範からの逸脱であるというシンプルな理由からであり、第三帝国にはどんな逸脱も存在を許されなかった。その結果、一〇万人以上のゲイ男性が逮捕され、数万人が強制収容所で処刑された。

現実に目を向けよう。近年の歴史において、世界じゅうで数百万の人々が反同性愛感情に起因する暴力や死にさらされてきた。ＬＧＢＴＱの人々は、暴力犯罪の被害に遭う確率が全体平均と比べて四倍も高い。これは同性愛行為がもはや犯罪とみなされず、マクドナルドなどの大企業がプライド月間に高々とレインボーフラッグを掲げる、米国での話だ。[28] ましてやロシアのような国での暴力犯罪の遭遇率（同国は同性愛嫌悪に基づく暴力犯罪のデータを収集していない）がどれほどのものかは推測に頼るほかない。二〇一八年の調査によれば、ロシア国民の六三％は、同性愛者が「ロシア人が築いた精神的価値観を、非伝統的な性的関係を奨励するプロパガンダによって破壊する」陰謀をめぐらせていると信じており、[29] しかもロシア国民の五人にひとりは「同性愛者は根絶されるべきだ」と信じている。[30] 同性愛はヒトにおいて、ほかの動物種と同様に、まったく珍しくないものであるにもかかわらずだ。米国での調査では、人口の約四％の人々がレズビアン、ゲイ、バイセクシャル、トランスジェンダーを自認し、[31] さらに八％以上が同性間性行動の経験があると答え、一一％が多少なりとも同性の相手に性的魅力を感じると認めた。[32] この数字はヒツジでの割合とほぼ同じで、ボノボの活発な同性間性行動と比べればはるかに低い。

この章の結論は、ヒトは複雑な道徳的思考の能力を発揮して、ほかのどんな動物にとっても規範上の問題にならないことを問題とみなし、社会からの疎外、犯罪化、処刑、さらにはジェノサイドさえも正当化してきたということだ。僕の考えでは、動物たちはほぼすべてのヒトの文化と比較して、はるかにすぐれた（すなわち、非暴力的で非破壊的な）方法である、規範ベースのシステムによって個体差に対処している。動物の世界において、同性愛はごくありふれているだけでなく、まったく破壊的な影響をもたらしていない。動物社会の維持に有益ですらあるかもしれない。それならなぜ、唯一ヒトだけが同性愛を嫌悪するのか？　この謎を解くためには、僕たちはときに道徳的思考能力を活かして、自分自身を論理の袋小路に追い詰めてしまうことを理解しておく必要がある。ほんのひと握りの文化と宗教が、同性愛は道徳的に問題であるという確信に至り、そのせいで無数の人類同胞たちが苦しんでいる。このような反同性愛感情は、ほかのどんな動物の行動にも似たものが存在しないだけでなく、僕たちという種の成功を明らかに阻害している。社会に不和の種をまくことに加え、膨大な数の人口集団に苦痛を強いることにつながるからだ。実在しない同性愛「問題」に対する、僕たちの珍妙な道徳的信念は、生物学的に見てヒトという種にどんな恩恵をもたらしたのだろう？　いや、そんな恩恵は一切存在しない。これこそ、ヒトの道徳的推論の残酷さを裏づける、悲しき証拠だ。

## 道徳的権威の失墜

人類の歴史は、暴力行為の道徳的正当化の叙事詩であり、そのなかで「他者」のカテゴリーに分類された無数の人類同胞たちは、苦痛や困難や死を強いられてきた。カナダの先住民、ＬＧＢＴＱコミュニティ、ユダヤ人、黒人、障害者、女性といった人々だ。対照的に、ほとんどの動物の規範は、社会の安定を維持し、避けられない苦痛、困難、死を最小限に抑えるためにある。苦痛、困難、死はふつう悪いものであるという基本原理に立ち返るなら、ほとんどの場合、動物のほうが正しい（そして道徳的に優位にある）と言えそうだ。しかし、だとしたら、ヒトの道徳は進化的な意味で悪いものなのだろうか？

僕たちの道徳的推論能力（哲学、宗教、法体系）こそが、過去数千年にわたって、人類に繁栄をもたらしてきたのではないのか？　それがあったから、僕たちは社会をまとめあげ、地球上にあまねく拡散し、偉大な文明を築くことができたのでは？

僕に言わせれば、道徳的能力そのものは人類の成功の要因ではない。ヒトの心のほかの構成要素、例えば言語や心の理論によって、僕たちはさまざまな営みを調整してきたのだと思う。そして、物理世界と生物世界の性質を読み解くことに関しては、「なぜ」のスペシャリストとしての認知特性が不可欠な役割を果たし、技術的ノウハウを蓄積させて、ヒトという種に繁栄を授けた。これまで論じてきたように、大昔からある霊長類的な規範を、寄宿学校制度や反ＬＧＢＴＱ法のような破壊的でばかげた道徳律に作り変える能力なんて、ないほうが僕たちはずっとうまくやっていけるだろう。でも、こうしたつながりを断ち切ることは不可能だ。ポジティブな認知能力を好きなだけかき集めて、ネガティブな副作用は何一つ生じないなんてことはありえない。ヒトの道徳的推論は不可避だった。けれども、だからといって進化的な意味でよいものとはかぎらない。ヒトの道徳的推論は、機能というよりバグかもしれない。進化的な三角小間（スパンドレル）であり、ヒトに固有の認知能力が開花するとともに生じたが、それ自体は自然淘汰によって選び出された形質ではないのかもしれない。生物種としての現在のヒトの成功は、道徳的能力の賜物というより、道徳的能力というハードルを乗り越えてのものなのかもしれない。僕たちは、ほとんどの動物が社会行動を統制し抑制するのに利用している普遍的な規範システムを、歪（いびつ）で極端な形式へと練り上げた。だが、よりよい生を送っているのは、洗練度で劣る規範システムを利用する動物たちのほうなのだ。

# 第5章● 幸せなミツバチの謎

## ――避けては通れない「意識」の話

ネコのような、愛することのできないものが喉を鳴らしたところで、いったい何を気にかけろというのか？

——ニーチェ[*1]

秋が近づき、日中の気温が下がり始めると、うちのミツバチたちは冬支度の最終段階に入る。僕はここ三年ミツバチを飼っていて、季節の変わり目のドラマにもだいぶ慣れた。花蜜集めのシーズンは終わりかけていて、いまのハチたちは冬の数カ月を乗り切るための保存食である乾燥蜂蜜作りに忙しい。三月にタンポポが再び咲き始めるまでは、これが唯一の食料だ。餓死のリスクを回避し、越冬に十分な蜂蜜を確保するため、ハチたちは集団の縮小に着手する。コロニーに必要十分な数、およそ四〇〇〇匹のハチだけに絞って、身を寄せ合って温めあえるくらいには多く、かつ春までの食料を食べつくさない程度に少なくする必要があるのだ。そんなわけで、九月はオスバチという名の居候を追い出す季節だ。

ミツバチのオスの唯一の目的は、ほかのコロニーで生まれた新女王と交尾することだ。オスはワーカーメスよりも大きく丸々としていて、とぼけた大きな眼でほかのオスと処女女王を探す。彼らに毒針はないため、巣の防衛は担えない。というより、オスは交尾以外のことはほとんど何もできない。巣の掃除も、巣室作りも、幼虫の世話もしない。舌が短いため花蜜を集めることもできない。巣室に集められた蜂蜜を舐めることさえ彼らには難しいので、ワーカーメスは食料を直接オスの口に運んでやらなくてはならない。したがって、冬の間のオスは世話が焼けるだけで存在価値ゼロだ。これが理由で、九月になるとワーカーメスはすべてのオスを追い立てて集め、巣箱の入口まで引きずっていき、そこから押し出す。巣に戻ろうとしたオスは攻撃され、殺されることもある。彼らは自力で餌を食べられないため、まもなく餓死か凍死する運命だ。この季節、僕の巣箱の前は追放されうろたえるオスでいっぱいだ。

まったくもって自然な行動とはいえ、この光景はやはり悲劇的で、僕は哀れなオスたちに同情せずにはいられない。最近、僕は不遇のオスたちを集め、テラスに置いた小さな段ボール箱に入れてやるようになった。僕は箱に蜂蜜を入れ、避けられない死を前に、彼らがあと一度だけでも自力で食べられるようにしている。オスたちに生涯最後の幸福な瞬間を味わってほしいのだ。

先週、僕は友人のアンドレアにオスバチたちを見せた。いつもは僕の動物話を楽しそうに聞いてくれる彼女だが、このときは「意味ないことに手間をかけてるんじゃない？」と言われてしまった。「オスバチをほんとうに〈幸せ〉にしてあげてるわけじゃないでしょ。ハチに意識はないんだから、こんなふうに世話しても喜んではくれないし」

「うーん、それには同意できないかな」と、僕は答えた。「好奇心で聞くんだけど、どの動物には意識があると思う？　クローバーに意識はある？」。クローバーはアンドレアが最近飼い始めた元気いっぱいのボーダーコリーの子犬で、いまは柵の向こうのニワトリたちを凝視している。

「うん、あると思う」と、アンドレアは答える。

「じゃあニワトリは？」

「どうだろう、ニワトリ？　わかんない。ない、かな？　あるとしても、クローバーよりずっと少ない意識のはず。でもミツバチに意識はないでしょ。自己認識なんてしてない。昆虫は本能だけで生きてるんだから」

「びっくりするかもしれないけど、じつはたくさんの科学者や哲学者が、この小さなオスバチにも意識があるって主張してるよ」

「ええ？　嘘でしょ？　何をどう考えたらそんな主張ができるの？」

いい質問だ。

意識とは何だろう？

ずっと昔から、意識はヒトとほかの動物を隔てる特徴の一つと考えられてきた。僕たちにあって、彼らにないもの。あるいは、アンドレアが考えるように、僕たちがほかの動物よりもたくさんもっているもの。でも、実際はそうではない。これから見ていくように、確かにヒトと意識の関係は特別で、それがヒトの知性の本質（および価値）を理解するうえできわめて重要な役割を果たしている。しかし、意識は決してヒトの専売特許ではない。

意識とは、単純にありとあらゆる形の主観的経験のことだ。ベッドに入ったすぐあとにおしっこがしたくなって、がっかりした覚えはないだろうか？　あれは意識的経験の一つだ。あるいは、数学のテストの前にしっかり勉強してこなかったと自覚しているときの不安もそうだ。想像力をかき立ててくれた本の最後のページを読み終えたときの甘く切ない気持ちもそうだし、ボートの船体に打ち寄せる波の音、バナナの黄色さ、長く放置されたコーヒーの味もそうだ。意識とは、感覚、感情、知覚、あるいはあなたが認識しているあらゆる思考を、脳が生み出すときに起こる現象だ。

動物に意識はあるのかという疑問にまつわる議論を理解するには、いったん立ち止まって、意識の定義を構成する二つの単語、主観的と経験について掘り下げる必要がある。まずは主観的という概念からいこう。

ある事柄が主観的であるというのは、それが個人の視点から理解あるいは経験されているという意味だ。哲学者トマス・ネーゲルは、代表的なエッセイ『コウモリであるとはどのようなことか』のなかで、個体（ヒトであれ動物であれ）が知覚する世界の主観的経験は、客観的視点から観察あるいは説明できるものではないと論じた。[*2]ほかの動物の頭のなかに入って、その経験を記録する方法は存在しないのだ。自分以外の心のなかの主観的経験は永遠にブラックボックスに隠されたままであるという、避けようのないこの事実を、哲学者は「他我問題」と呼ぶ。

経験という言葉は、情動や思考が湧き上がるとともに心のなかに具現化される実際の感覚を意味する。例えば、シリアルのチーリオスをボウルいっぱい食べたとき、あなたの心にはさまざまな身体的・情動的感覚が押し寄せる。こうした意識的経験の特性のことを、哲学者は「クオリア」と呼ぶ。[*3]チーリオスを食べたときのクオリアに、あなたは「甘い」、「サクサクしてる」、「まずい」といった言葉を当てて、食べたときの自分の気持ちをほかの人に伝える。僕が同じようにボウルいっぱいのチーリオスを食べたら、僕もそのクオリアをあなたと同じ言葉で表現するかもしれない。だからといって、あなたと僕は同じ意識的現象について言及しているわけではない。あなたがチーリオスを食べたときにあなたの心に湧き上がる感覚は、僕が経験する感覚とはまったくの別物かもしれない。だが、それも客観的に測定する方法があればの話だ。実際には、クオリアは常に個人的な体験であり、客観的に測定することはできず、したがって僕たちに知るすべはない。

それでも、ほとんどの人は周囲の世界を同じように経験しているはずだと、僕たちはある程度の確信をもっている。人々がクオリアを言い表す言葉がおおむね一致するからだ。そのおかげで僕は、あなたがボウルいっぱいの人の髪の毛よりはチーリオスを食べたいはずだと、かなり自信をもって予測できる。僕が髪の毛を食べたときのクオリアは、あなたのそれとは多少違うかもしれないが、たいていの人は髪の毛の束を飲み込もうとすれば高確率で不快感を経験するからだ。だが、相手が他種の動物となると、僕の確信度はがくんと下がる。例えばヒメマルカツオブシムシは、ボウルいっぱいの髪の毛に嬉々として潜り込むだろうし、チーリオスには見向きもしないはずだ。したがって、僕が髪の毛を食べたときの主観的経験は、ヒメマルカツオブシムシが髪の毛を食べたときのクオリアを推測する助けにはならない。

ヒト以外の動物のクオリアがどんなものか（あるいはそもそも彼らにクオリアがあるのか）を推測しようとするとき、最大の障害となるのは、彼らに言葉で問いかけることができないことだ。すでに見てきたように、動物は自分の情動状態（怒りや恐怖など）を、歯をむき出したりうなり声をあげたりして伝達することができるが、こうした情動を主観的にどう感じているかを言葉で表現する能力は彼らにはない。そのため、僕たちは動物のクオリアがどんなものかを推測するにあたって、言語ではなく相似に頼ってきた。チンパンジーが新生児の死体を抱きかかえているなら、彼女はヒトでいう悲嘆にあたる何かを経験しているかもしれない。なにしろ、ヒトとチンパンジーはごく近縁だし、この死を悼むような行動は僕たち自身のものにきわめてよく似ている。だが、このような相似に基づく推測は、対象の動物が系統樹のなかで僕たちから遠く離れていくほど、その限界を露呈する。例えば、タコが腕の一本をカニに当てて、吸盤にある化学受容器でカニを「味わう」ときに経験するクオリアは、ヒトでいう何に相当するのだろう？[*4] タコの腕は自律的に動作しているので、この情報処理は腕のなかだけで完結し、中枢脳には達しないかもしれない。身体と脳の相互作用のやり方がまったく違うため、これに相当し比較対象になるようなヒトの感覚はどこにも存在しない。

主観的経験を測定することは不可能だし、人間中心的な相似に基づく比較は不適切だが、それでも多くの科学者や哲学者はある程度の確信をもって、動物にも少なくとも何らかの主観的経験が存在するはずだと考えている。コウモリであることは何らかの感覚を伴うとネーゲルは主張した。ほとんどとはいわないまでも、多くの比較認知科学者や哲学者はこれに同意するといっても過言ではないだろう。だからこそ、二〇一二年、こうした研究者たちは「ケンブリッジ意識宣言」と呼ばれる文書に署名したのだ。同文書ではこう述べられている。「数多くの証拠が一様に示すとおり、ヒト以外の動物は、意識状態の神経解剖学的、神経化学的および神経生理学的基盤に加え、意図をもって行動する能力を備えている。したがって、証拠を加味すれば、唯一ヒトだけが意識を生み出す神経学的基盤をもっているわけではないことが示唆される。すべての哺乳類と鳥類に加え、タコなどさまざまな生物も含むヒト以外の動物たちも、こうした神経学的基盤を備えている」[*5]

主観的経験は定義上、個体に固有のものであり、動物相手ではなおさら観測できないというのに、彼らはいったいどうしてこんな主張ができたのだろう？　研究者たちに知るすべはあったのだろうか？

動物にも意識はあるという主張の根拠は、二本柱で構成されている。脳と行動だ。脳に基づく主張は比較的シンプルだ。ヒトに主観的経験（すなわち意識）があることはわかっている。脳がどのように意識を生み出すのかは正確にはわかっていないが、意識は脳の外で生じるという見解を採用するのでないかぎり、脳（あるいはもしかしたら神経系全体）が意識の源泉であるはずだ。動物の脳とヒトの脳は同じ素材でできているし、哺乳類に関しては、頭蓋内の脳組織はおおむねよく似た形で分割されているようだ。ヒトにおいて、例えば恐怖などの主観的経験に関与していると考えられる脳構造は、ほとんどの脊椎動物の脳にも相同部位（島皮質など）が認められる。したがって、彼らも恐怖を主観的に経験していると考えるのが妥当だ。

もちろん大幅に簡略化してはいるが、主張の骨子は先のとおりだ。現実には、恐怖などの意識的情動経験を司るヒトの脳部位がどこなのか、研究者たちは有力候補をあげてはいても、明確に把握しているわけではない。それに、脳構造が似ているからといって、機能も同一であるとはかぎらない。僕の脳と僕の妻の脳のMRI画像を撮影すれば、構造的にはほとんど区別がつかないという結論になるだろうが、僕はアイルランド古語の文法をまるで理解できないし、妻のようには歌えない。チンパンジーの脳と有名シェフのゴードン・ラムゼイの脳は、ヒメマルカツオブシムシの脳と比べればほとんど同じといっていいくらいだが、チンパンジーがゴードンのように絶品のビーフ・ウェリントンを作る日は永遠にこないだろう。脳構造の類似性だけでは、ほかの動物がヒトのような主観的経験や認知能力をもっている証拠にはならない。だからこそ、脳構造に関する事実と、動物があたかも意識をもっているかのように行動したという証拠を組み合わせる必要があるのだ。

行動学的証拠には二つのタイプがある。まずは面白いほうからいこう。主役は酔っぱらいだ。アルコールを摂取するとヒトの心の機能にどんな影響が出るのかはとてもよく研究されている。抑制の弛緩、運動協調の低下、そして（飲みすぎると）意識喪失といったものだ。僕たちがこうした望ましくない効果を受け入れているのは、アルコール摂取によってドーパミン放出が促され、多幸感が脳を満たすからだ。言い換えれば、僕たちは楽しいから酒を飲む。そして、それはゾウも同じらしい。

一九八〇年代初頭のある研究（当時は科学の名の下にゾウにアルコールを与えることは許容されていたらしい）において、研究者たちはカリフォルニアのサファリパークで飼育されていたゾウの集団に、それぞれ濃度の異なるエタノールと水の混合物の入ったバケツを提示した。度数は〇％、七％、一〇％、一四％、二五％、五〇％だった。[*6] ゾウは好きなバケツを選んで自由に飲んだ。いちばん人気は七％のアルコール水溶液だった（ただの水も含む）。アルコール摂取後、ゾウたちは酔っ払ったヒトとそっくりの行動をとった。ある個体は立ったまま眼を閉じて体を揺らし、別の個体は地面に横たわった。ほとんどは鼻を自分の体に巻き付けたが、これはゾウが体調を崩しているときの典型的な行動だ。何頭かの攻撃的なゾウたちは、さらに好戦的にふるまった（バーでけんかを目撃したことがある人にはおなじみだろう）。〈*In vino veritas*〉すなわち「ワインに真実あり」は、ヒトだけでなくゾウにもあてはまるようだ。この（倫理性の疑わしい）実験により、ゾウは酔えるけれども酩酊には至らない濃度のアルコールを積極的に求め、多幸感を経験したがることが明らかになった。誰でも身に覚えがあるはずだ。このようなアルコール希求行動が意味をなすのは、次の二つの条件が成り立つ場合だけだ。①アルコールはヒトの脳だけでなく、ゾウの脳にも同じような影響を与える、②ゾウはヒトと同様に、多幸感という主観的感情を経験している。

もう一つのタイプの行動学的証拠は、ケンブリッジ意識宣言でいう「意図をもって行動する能力」に関連している。第2章を思い出してほしいのだが、意図的行動とは、動物が目標を念頭に置き、状況を積極的に観察して、その目標が達成されたかどうかを確かめつつおこなわれるものだった。この定義は目標の主観的認識を前提としている。何かを「念頭に」置くとは、すなわち自分自身の意図を意識するということだ。言い換えれば、何かを意図しているように見える動物はすべて、意識の行動学的証拠を実演していると考えることができる。

ブルースを例にとろう。彼はケアまたはミヤマオウムと呼ばれる、旺盛な好奇心と問題解決能力で知られるニュージーランド固有種のオウムだ。二〇一三年、ブルースはくちばしの上半分を失った状態で野生から保護された。くちばしが用をなさないのは、ケアにとって、というよりどんな鳥にとっても最悪の事態だ。採食が困難になるのはもちろん、「プリーニング」と呼ばれる行動にふけるのも、通常よりずっと難しくなる。プリーニングとは、鳥が上下のくちばしの間に羽を挟んで通し、砂や寄生虫を取り除く行動だ。ブルースは障害を負いながらも解決策を見つけ、これがのちに、動物における意図的行動を実証する最有力証拠の一つとなった。[*7]

プリーニングの気分になると、ブルースは飼育場のなかで小石を探す。小石は彼の下くちばしと舌の間にぴったり収まるサイズでなくてはならない。そのあと、彼は羽を小石と舌の間に通し、完璧にきれいにする。オークランド大学のアマリア・バストスと共同研究者たちは、ブルースの小石プリーニングは意図的行動を明確に裏づける証拠であると、説得力のある主張を展開した。第一に、ブルースが小石を拾った事例のうち、九三・七五％で彼は小石をプリーニングに使った。「ブルースの小石操作はほぼ毎回プリーニングを伴った。このことから、彼はプリーニングの道具として使う意図をもって小石を拾ったと考えられる」と、バストスは述べる。また、ブルースがプリーニングの最中に小石を落とした事例の九五・四二％で、彼は小石を再び拾うか、似たような小石を拾いなおして、そのあとプリーニングを続けた。適切な道具を見極める能力と、仕事をやりとげることへの執着はいずれも、ブルースが当てずっぽうでたまたまプリーニング問題の解決策に行き着いたわけではないことを示唆する。彼は羽をきれいにするという意図をもって、ケアの通常の行動レパートリーにはない解決策を編み出したに違いない。

「ケアは野生下で頻繁に道具使用を示すわけではありません」と、バストスは『ガーディアン』紙上で述べた。「そのため、個体が画期的な道具使用によって自身の障害に対処したことは、彼らの知性の高い柔軟性を示しています。ケアは新たな問題が生じるたび、適応し柔軟に解決することができるのです」[*8]

僕の意見では、これこそ動物における意図的行動を裏づける盤石の証拠だ。ブルースの行動と、オウムやインコはわざと酔っぱらう悪癖で知られること（オーストラリアには発酵した果実がゴシキセイガイインコに大人気の「酔っぱらいインコの木」と呼ばれる樹種がある）、それにオウムやインコなどの鳥では「意識と関連する視床皮質系において、哺乳類との解剖学的相似と機能的類似性が豊富」[*9]に見つかっていることを合わせて考えれば、オウムやインコはケンブリッジ意識宣言で提示された、意識をもつための前提条件すべてを満たすという主張が成り立つ。

このような枠組みの議論は、革新的で柔軟で意図的な行動を示す動物であると僕たちが観察をとおして知っている、イルカ、ゾウ、カラスなどにも容易に拡張できるだろう。あるいは、脳構造がヒトと似ている類人猿にもあてはまるだろう。でも、ミツバチは？　僕がアンドレアに言ったように、昆虫にも意識をもつのに必要な脳構造が備わっていると大勢の研究者が考えているというのは、ほんとうだろうか？　ミツバチはブルースのように意図的行動を示すだろうか？　昆虫は酔っぱらう？　これらの質問への答えは、イエス、もちろん、当然！　だ。

## ミツバチの脳

さてここで、僕の主張をアシストしてくれる、ラース・チトカを紹介しよう。ミツバチの認知の専門家であるチトカは、ロンドン大学クイーンメアリー校の行動生態学者で、おそらくいまもっとも有名な昆虫の知性の伝道者だ。昆虫の脳は小さいながらも複雑な認知を生み出すのに必要なものをすべて兼ね備えているというアイディアを軸に、彼は膨大な文献を著してきた。ここでいう複雑な認知には、主観的経験も含まれる。「意識に大きな脳は必要ない」派の基本的な主張は、複雑性を生み出すのに重要なのはニューロンの数ではなく、ニューロンどうしがどう接続されているかである、というものだ。ミツバチの脳にはたった一〇〇万個のニューロンしかなく、比べてヒトは八五〇億個を誇る。しかし、ミツバチの脳内で一〇〇万個のニューロンは一〇億のシナプス(ニューロンどうしの結節点)を作り出すことができ、これだけあれば強力な処理能力をもつ巨大なニューラルネットワークを構築するには十分だ。[*10]

「大きな脳を見ても、より複雑とは言えないことが多く、ただ同じ神経回路が何度も何度も無限に繰り返されている」と、チトカは言う。「これにより、記憶した視覚像や音のディテールは豊かになるかもしれないが、複雑性の程度が上がるわけではない。多くの場合、脳の大型化が意味するのはハードドライブの大型化であり、プロセッサの性能向上ではない[*11]」

それなら、脳構造はどうだろう？　ヒトの(あるいはその他の脳の大きな動物の)脳には、ニューロンの接続のしかたに何か特別な特徴があって、それが意識を生み出しているのでは？　そうではないと、チトカは論じる。

「これまでさかんに探求されてきたが、ヒトにおける意識と相関する神経活動（NCC）はいまだに特定されていない。したがって、ある動物にヒト的なNCCがないと主張することはできない」。要するに、意識がニューロンの接続や発火のどんなパターンから創発するのかを誰も知らないのだから、昆虫の脳に必要な構造がないという主張には何の根拠もないのだ。

研究者たちは主観的経験を生み出す神経構造（あるいはその組み合わせ）を特定する決定的証拠をまだ見つけ出せていないが、いまわかっているかぎり、昆虫の脳にも動物における意識との相関が推測される構造は存在する。昆虫においては、「中心複合体」と呼ばれる脳構造が、意識と関連する認知プロセスを司る。中心複合体は、感覚系からの入力情報を統合し、自分自身と周囲の世界の心的モデルを作り出して、生息環境のなかを動き回るのを助ける役割を担う。哲学者のコリン・クラインと神経生物学者のアンドリュー・バロンによれば、哺乳類の脳にも中心複合体と同じ機能をもつと目される相似構造である中脳があり、またこうした脳構造と認知機能は一般にヒトの意識にも関与しているとみなされていることを考慮すれば、「昆虫の脳には主観的経験を実現するだけの能力があることを裏づける証拠は十分にある」[*12]。まとめると、意識を生成するのに必要な脳構造が昆虫の脳に存在すると断言はできないものの、そのように主張することは完璧に筋がとおっているのだ。

でも、昆虫の行動のほうはどうだろう？　彼らの極小の脳は、意識の存在を示唆するような複雑な行動を生み出しているだろうか？　どうやら答えはイエスだ。チトカの研究チームがマルハナバチを対象におこなった有名な実験を見てみよう。彼らは複雑な学習能力を検証するため、マルハナバチに自然界で遭遇する状況とは似ても似つかない餌報酬課題を与えた。中心部にターゲットが描かれた皿に、小さなプラスチックのボールが一つ置かれている。ハチがボールをつかみ、ターゲットのところまで転がしていくと、ハチには砂糖水の報酬が与えられる。野生のマルハナバチの採食行動にこのような能力は必要ないにもかかわらず、ハチはこの課題をクリアできる。それだけでも驚きだが、次に起こることはそれ以上だ。実験の第二段階で、研究チームは皿の中心からそれぞれ距離の異なる位置に三つのボールを置いた。[*13] 実験者は中心により近い二つのボールを接着剤で皿に固定したので、課題をクリアするには、ハチは中心からいちばん遠いボールを転がすことを覚えなくてはいけなかった。さらに、この実験には課題に挑戦したことのない「観察者」のハチがいて、「デモンストレーター」のハチが課題を解くところを、実験エリアの外から見守った。そのあと、観察者のハチを初めて実験エリアに入場させたとき、ハチが示した行動は、ハチが目の前の課題の本質をしっかりと理解していることを裏づけるものだった。なお、このときのボールはすべて皿に接着されていない。課題に初めて挑んだ観察者は、以前にほかのハチが示した行動をそっくりそのまま真似る（もっとも遠いボールをつかむ）のではなく、迷わずもっとも近いところにあるボールのところへ行き、ターゲットの位置まで転がしたのだ。観察者はただ連合学習によってほかのハチの行動を模倣したわけではなかった。ボールをターゲットまで移動させなければならないと理解し、いちばん近いボールをつかむのが合理的だと判断した。すなわち、問題について考察し、よりよい戦略を考案したのだ。チトカは、この結果はマルハナバチが「自分自身の行動、またほかのハチの行動の結果について基礎を理解している。すなわち、意識に似た現象あるいは志向性をもつ」[*14] ことを裏づけると論じた。彼の主張が正しければ、マルハナバチはケンブリッジ意識宣言で言及された「意図をもって行動する能力」という基準を満たしていることになる。

極めつけに、昆虫が精神変容物質を希求する証拠もある。神経科学者のガリト・ショハト＝オフィールがおこなった、一風変わったエレガントな研究を紹介しよう。[*15] 彼女のチームはまず、赤い光にさらされると脳内で特定の神経ペプチド（コラゾニン）が生成されるようなショウジョウバエの系統を選択交配した。コラゾニンはふつう、オスのショウジョウバエが射精した際に脳内に放出される物質なので、この系統に赤色光を当てるとオーガズムに似た情動状態を惹起するといえる。意外ではないが、このような改変を受けたショウジョウバエは、飼育容器のなかの赤色光で照らされたエリアを明らかに好んだ。実験の一環として、チームは一部のオスの集団を数日間にわたって大量の赤色光にさらし続け、別のオスの集団には同じ期間中オーガズムを誘発する赤色光を一切当てずに飼育した。そのあと両集団に二種類の餌のどちらかを選択させたところ、赤色光を断たれていた（したがって三日間オーガズムを感じていなかった）ショウジョウバエは、エタノールを含む餌をより多く食べた。つまり、彼らは酔いを求めた。一方、赤色光が生み出す快楽にふけっていたハエは、とくにアルコールを含む餌への選好を示さなかった。オーガズムを奪われたショウジョウバエが、おそらくはエンドルフィンの大量放出を期待して、精神変容物質を欲しがったという事実は、彼らが自分の幸福感の減少をある程度自覚して、気分を上げるために意図的にアルコールに走ったことを示唆する。この研究について、ラース・チトカはこうコメントした。「変容すべき精神をもたない生物が、精神変容物質を求めるだろうか？」[*16]

これまで見てきた証拠はすべて、主観的経験、すなわち意識が昆虫にもある可能性はきわめて高いことを示している。もしそうなら、意識は僕たちの進化の歴史のなかのごく初期の段階で獲得された形質に違いない。ヒトとハエの共通祖先は、五億年以上前に生きていた海生無脊椎動物だったのだから。[*17] ということは、僕の定義によれば、現代に生きている動物のほとんどはおそらく意識をもっていることになる。だとしたら、なぜアンドレアのような一般の人々は、昆虫（あるいはニワトリ）に意識があるかもしれないという考えを、ばかばかしいと一蹴するのだろう？　アンドレアの言葉を借りれば、昆虫は本能だけで生きているただの小さなロボットだと考えるのだろう？　動物をこのような存在とみなす考え方には長い歴史があり、大元をたどれば、ヒト以外の動物に「動物機械」のレッテルを貼った、一七世紀の哲学者ルネ・デカルトに行き着く。つまり、アンドレアには強力な味方がいるわけだ。それに言ってしまうと、多くの比較認知科学者も昆虫に主観的経験が可能であるという主張にまだ懐疑的だ。それでも、僕自身はチトカの説を推す。

懐疑論が根強く残る理由はシンプルだ。たいていの人は「意識」という言葉を使うとき、主観的経験だけについて話しているわけではない。そこにはほかの認知形質、例えば自己認識などが含まれている。アンドレアは、オスバチに意識があると思うなんておかしいといったとき、ハチには自己認識ができないという彼女の考えを理由にあげた。だが、自己認識と意識は同一ではない。エピソード的未来予測や心の理論といった認知能力さえ意識に含める人もいる。はっきり言って、僕たちが意識とごっちゃにしている認知能力はいくらでもあるのだ。こうした違いについては章のもう少しあとで詳しく解説する。僕たちがヒトの意識に置いている価値をより具体的に理解するのに役立つはずだ。でもその前に、そもそも意識がその他すべての認知プロセスと並行してどのように作用し、ヒトと動物の心を作り出すのかを、掘り下げて理解しておこう。

## 脳のなかの即興演劇

意識の本質を認知科学や神経生物学の視点で解説するモデルはたくさんあるが、このテーマはとっつきやすいものではない。こんなにも複雑なものごとを理解するには、すでに自分が知っていることと関連づけるのがベストだ。そこで即興演劇の話になる。即興演劇とは脚本のない演劇の一形式で、舞台上の即興俳優たちによって自然発生的に生み出される。内なる創造性を引き出し、友人たちと腹の底から大笑いできるすばらしい方法であるだけでなく、即興演劇は心のしくみのメタファーとしても完璧なのだ。

あなたの心を即興演劇が上演される劇場と考えてみよう。[*18] 舞台があり、場内は薄暗く、スポットライトだけが照らされている。ステージ上には十数人の演者が立っていて、誰もがスポットライトを浴びたくてウズウズしている。このメタファーのなかで、スポットライトにあたるのが主観的経験、すなわち意識だ。スポットライトを浴びて立っている俳優がやっていることは、何であれクオリアに変換され、心のほかの部分もそれを経験する。このクオリアは、舞台上のほかの演者、観客、舞台裏で仕事をしている裏方（ブースの音響スタッフ、バルコニーに立っている演出家、舞台袖に隠れている舞台監督など）といった、劇場内にいる全員に影響を与える。スポットライトの下で起こっていることに全員が注目しているのだ。このように、意識的経験の内容は心の全域に配信され、膨大な数の認知プロセスの分析対象となる。

このメタファーでは、舞台に立っている俳優たちは、あなたが意識を向けることのできるすべての事物だ。見たり、聞いたり、触ったりしたものの感覚入力はこれに該当する。それだけでなく、内的な動機づけの状態（空腹など）や情動状態（恐怖など）も含まれる。舞台にいない人々は、ありとあらゆる無意識のプロセスにあたり、これらはクオリアを生み出すことはないが、即興演劇（つまり心のしくみ）のなかでやはり不可欠な役割を担っている。例えば、舞台助監督は運動記憶のようなものかもしれない。自転車の乗り方などを身につける能力のことだ。いったん習得すると、自転車に乗ることは、あなたの脳の無意識の部分が自動的に処理する対象となる。舞台監督はきちんと仕事をしているかぎり表に出てくることはなく、無意識のレベルにとどまる。それでも、舞台監督や舞台助監督がいなければ、即興演劇は成り立たない。

　あなたの心の劇場の大半を占めるのは、決してスポットライトを浴びることのない無意識の機能のほうだ。心拍や消化器系を調整する部分や、すばやく決断を下すために利用される無意識のバイアスやヒューリスティクスはここに含まれる。ダニエル・カーネマンは著書『ファスト&スロー』のなかで、このような舞台裏で働く無意識の認知プロセスによる即時的かつ自動的な意思決定のことを、システム一の思考様式と呼んだ。

　重要なこととして、誰かがスポットライトのなかにいないと即興演劇は成り立たない。システム一の思考は、単独では演劇を上演できないのだ。心に（動物の心にも）このスポットライト、つまり意識がある理由は、ちょっとした検討が必要な日常的な意思決定を容易にするためだ。スポットライトは心のほかの部分に、その瞬間に誰が演劇の主役であるかを知らせるために存在し、そのおかげで誰もが主役をサポートして、演劇の筋書きを先に進めることができる。言い換えれば、意識は脳が意思決定を下し、行動を生み出すのを助けるためにあるのだ。

本物の即興演劇の舞台と同じように、スポットライトを浴びるのは、何か新しいことや予想外のこと、あるいはただ大騒ぎをして注目を要求する演者だ。注目の的になることで、もっとも騒々しい演者は複数の認知システムを（即興演劇を見ている無意識のシステムも含めて）巻き込んで、問題を解決したり、次に何をするかを決めたりできる。

具体例で考えよう。いまあなたはソファに座って本を読んでいるとする。この行動は読解や言語といったいくつかの認知システムを活性化させるが、これらはおおむね無意識だ。スポットライトはページに並んだ言葉が想起させる想像上の視覚的イメージに当たっていて、心のほかの部分もそのクオリアに浸っている。そこへ突然、新たな演者がスポットライトのなかに割り込んでくる。空腹だ。あなたの心の劇場はいまや、舞台上でわめく空腹のクオリアに占められている。演者のひとりである空腹は、あなたの心のなかのたくさんの認知システムに連鎖反応を引き起こす。運動を担う無意識のシステムが本を閉じさせる。おやつの時間だ。急にスニッカーズのチョコバーが食べたくなってきた。たぶん昨日の夜にテレビで見た、スニッカーズのCMに対する無意識の反応だ。これはいわば、観客の誰かが「スニッカーズ！」と叫んだようなもので、演者は反応せずにいられない。舞台監督は演者に、キッチンでスニッカーズを見たとささやく。この舞台監督は無意識の記憶システムに相当する。おっと、また別の演者がスポットライトのなかに加わった。エピソード的未来予測だ。場面進行を促すための脇役として現れたのだ。エピソード的未来予測は、舞台監督がスニッカーズを見たといったキッチンの抽斗（ひきだし）を開けて探すあなたという意識的経験を作り出す。こうした舞台上と舞台裏の認知システムの組み合わせによって、あなたは意思を固め、実際にキッチンに歩いていってスニッカーズを探す。

動物が多少の思考や検討が必要な意思決定を迫られるたび、主観的経験のスポットライトが出現し、クオリアが生成される。クオリアは行為の共通通貨だ。哲学者スザンヌ・ランガーの言葉を借りれば、「感じることは何かをすること[*19]」だ。これが、動物が主観的経験を進化させたそもそもの理由であり、どんな動物の心においても意識が不可欠な役割を担っていると考えるのが妥当といえる理由なのだ。

## 意識に高低はない

アンドレア、まだ読んでくれてる? いまからやっと、ヒトの意識が動物のそれとはまったく違うように感じられる理由を説明するところだ。先の即興演劇モデルによって、重要な事実が明らかになった。ヒトの意識は確かに特別だが、それは生物種としての僕たちが、意識のスポットライトに割り込んでクオリアを作り出す可能性のある認知プロセスを、ほかの種よりもはるかにたくさん備えているからにほかならない。僕たちはより高度な意識をもっているわけではなく、ただより多くのことを意識できるだけだ。この違いは重要なので、僕の経験から一つ例をあげて説明しよう。

数年前、友人のモニカが僕に「アファンタジア」という概念を説明してくれた。彼女自身も当事者である認知機能障害の一つで、心の眼で視覚像を見ることができない状態を指す(人口の約一%が該当するという)。「アファンタジアの人は眼を閉じると、暗闇しか見えないの。リンゴでも何でも、どんなイメージも浮かんでこない」

「それって寂しいね。つまり、眼を閉じたらリンゴのことを考えられないんだよね？」僕は尋ねた。

「ううん、そうじゃない。リンゴを想像することはできるけど、写真みたいに見ることはできないってだけ。ふつうの人はできるんだけど」

「そっか、でも、心の眼で写真みたいなリンゴのイメージを見られる人なんているわけないよ。そんなのありえない」

「たいていの人はできるでしょ」

「いや、不可能だよ。だって、こうやって眼を閉じたら、自分がリンゴの見た目を想像していることはわかるけど、リンゴなんか見えないよ」

「えっと、ジャスティン？　あなたもアファンタジアだと思う」

僕は妻に聞いてみた。彼女は眼を閉じてリンゴを想像すると、ほんとうにリンゴの視覚像を「見る」ことができるそうだ。そのあと誰に聞いても、ディテールや印象の強さに違いこそあれ、写真のようなリンゴのイメージを心の眼で見ることができるとみなが答えた。でも、僕には何も見えない。モニカは正しかった。僕もまたアファンタジアだったのだ。

定型発達者の人と違って、僕の意識下の心には、想像上の物体の視覚像を作り出すことができない。この能力は、例えばスーパーマーケットのどの棚にピーナッツバターが並んでいるかを思い出すのに役立つだろう。といっても、僕も店内のどこにピーナッツバターがあるかを知っているし、その場所を言葉で説明できる。陳列場所をどうにかして「感じる」こともできる。できないのは、心の中で店内レイアウトを「見る」ことだけだ。僕には意識的な視覚像生成の能力がない。ＳＦ小説を読んでも、そこで描写されている宇宙船を視覚像として想像できない。眼を閉じてしまえば娘の顔も見えない。だからといって、賭けてもいいが、僕はほかの人たちよりも意識レベルが低いわけではない。即興演劇の舞台を目まぐるしく動き回る僕の意識的経験は、あなたの経験とまったく変わらない。スポットライトを浴びるチャンスを心待ちにする演者が、僕の舞台にはひとり少ないだけなのだ。

## ヒトの舞台の演者たち

動物の意識について考えるとき、僕たちがほんとうに知りたいことは、意識があるかないかではないし（動物にも意識はある）、意識をどれくらいもっているかでもない（僕たちとまったく同じだけもっている）。それぞれの種がどんな認知プロセスを即興演劇の舞台に立たせることができるのかが問題なのだ。ヒトはより多くのことを意識できる、と先に述べたが、それはつまりどういうことだろう？　言い換えるなら、ヒトの心は膨大な数の認知プロセスに意識を向けられるように進化してきたのであり、こうしたプロセスの多くは、唯一ヒトだけがもつものであったり、ほとんどの動物においては無意識のレベルでしか作用しなかったりする。わかりやすいように、まずはたいていの動物も主観的経験のスポットライトを当てることができるプロセスを考えてみよう。情動や感情だ。

情動（emotion）の語源はラテン語で「外へ出る、扇動する」を意味する *emovere* だ。この事実は、情動は脳が活性化した状態であり、個体を扇動し、外へ出て生存に役立つ何かをさせることが目的であるという解釈に役立つ。[*20] 神経生物学者のヤーク・パンクセップは「感情神経科学」という言葉を生み出し、動物とヒトの心の情動状態を作り出す神経基盤の研究の先駆者となった。彼はほとんどの哺乳類に見られるであろう基本的情動を次の七つに分類した。希求、渇望、慈愛、遊び、怒り、恐怖、パニックだ。[*21] 動物の行動のほとんどは、これら七つの情動システムがどのように心と相互作用し、生存と繁殖に役立つ行動へと動機づけるかという形で説明できる。希求は僕たちに食料と隠れ家を求めさせ、渇望は配偶機会を求めさせる。慈愛は自分の子どもを世話し、社会的パートナーを援助するよう促す。遊びはこうした社会的パートナーとの関係を維持し、身体能力を向上させるのに役立つ。怒りは自分自身や食料資源やなわばりを攻撃者から防衛するよう動機づける。恐怖は避けるべきものや対抗すべき相手を教えてくれる。そしてパニックは、社会的パートナーを求めるそもそもの理由になる。

こうした情動のほとんどは、哺乳類以外の動物の心にも似た形で存在する可能性が高い。そして無意識の情動の多くは、動物がよりよい意思決定を下すのに役立つような、意識的経験に翻訳されるだろう。無意識の情動が即興演劇の舞台に上り、主観的意識のスポットライトを浴びて意思決定に利用される場合、一部の科学者はこれを別の名前で呼ぶ。感情だ。フランス・ドゥ・ヴァールは著書『ママ、最後の抱擁』のなかで、感情とは「情動が泡のように表層に浮かび上がり、わたしたちが認識できるようになったもの」[*22]であると、美しく説明している。

だが、ヒトは特別だ。僕たちは基本的情動以外にも、はるかに多くの情動を意識下の感情へと翻訳できる。例えば公平感は、オマキザルの研究で見たように霊長類に共通かもしれないが、ミツバチにはなさそうだ。あるいはノスタルジアも、ヒトに特有の心的タイムトラベルの能力に依存している。それに罪悪感は、心の理論を介した他者との関係構築という、ヒトならではの方法と結びついている。残念ながら、例の他我問題のせいで、動物が経験している感情が複雑なものか基本的なものかを、観察される行動だけに基づいて判断するのは非常に難しい。僕は「動物の心」と題した授業の初回で、いつも学生たちにデンバーという名のイヌのYouTube動画を見せる。[*23] 飼い主が家を空けている間に、デンバーはネコのおやつを一袋まるごと食べてしまった。帰ってきた飼い主はカメラを回しながら、デンバーに「おやつ食べちゃったの?」と尋ねる。デンバーは視線をそらす。さらに耳を垂らし、目を細め、舌を出す。何から何まで、彼はネコのおやつを食べてしまったことに罪悪感を覚えているように見える。学生たちにこのときのデンバーの心に何が起こっているかを尋ねると、全員一致で常識的な結論に至る。デンバーは罪悪感を覚えている、と。次に僕は、イヌにおける服従のボディランゲージがどんなものかを調べた研究を紹介し、デンバーの行動は自分自身が悪いことをしたかどうかに関係なく、飼い主にけんか腰に迫られたイヌが決まって示すものだと説明する。僕は決して、イヌには自分が何らかの規範を侵害したことに意識を向け、罪悪感を覚える能力がないと言いたいわけではない。単純に、デンバーが示した行動は、イヌがほかのイヌやヒトとのけんかを避けようとしているときに見られる典型的なものだというだけだ。言い換えれば、パンクセップが言う基本的情動状態の一つである恐怖を、行動に表したものである可能性のほうが高いのだ。

情動だけでなく、動物の脳は、恒常性と結びついた空腹や渇きの感覚も生み出す。こうした感覚は動物を行動へと駆り立てるのに不可欠なものであり、したがってこれらも主観的に経験されている可能性が高い。さらに、言うまでもないが、痛み、温度、圧力といった感覚刺激、それに眼や耳や皮膚や舌といった感覚器官が脳に送るすべての入力情報もある。これらの基本的感覚信号は、ふだんは心の無意識の部分で処理され、システム一方式の自動的反応を生み出す（焼けるように熱いクッキートレーをうっかり触ったあと瞬時に手を引っ込める、など）。しかし、感覚信号はしばしば意識的注意の対象にもなる。これにより、僕たちはより複雑な行動（二度とクッキートレーでやけどしないようにオーブンを開ける前にミトンを探す、など）を計画的に実行できる。パンクセップは、すべての哺乳類の脳にはこうした情動状態、恒常性状態、感覚状態を生み出す機能を備えた皮質下領域が存在すると主張した（ケンブリッジ意識宣言で述べられているように、それ以外の動物種にもありそうだ）。

ヒト以外の動物の感情システムのすばらしい点は、種に固有の感覚器官、身体形態、社会構造に根ざした複雑に入り組んだ感覚を、それぞれの種がもっていることだ。例えばイルカは、エコーロケーション（反響定位）能力によって得られた風変わりな知覚情報を、意識下の心で扱うことができる。水中にクリック音を発信することで、イルカは環境中の物体の形、密度、動きに関する詳細な音響像を作り出す。エコーロケーションは物体の内部を通過することさえあり、おかげで彼らは音を使って砂のなかに隠れた魚を「見る」ことができる。さらにイルカは隣で泳いでいる他個体のエコーロケーション信号を盗み聞きすることもできる。これにより、イルカは友達が認識していることを（僕たちの理解をはるかに超えたレベルで）正確に把握する。言ってみれば、眼を閉じてあなたの隣に座っている僕が、あなたがスマートフォンで見ている画像を頭のなかに生み出せるようなものだ。こんな認知と意識のプロセスは、ヒトにとってまったく異質なものだが、イルカの生活のなかでは重要な役割を果たしている。動物界には、ヒトには似たものが見つからないような認知、情動、感覚のプロセスがあふれている。でも、こうした能力をもつ動物が、ヒトよりも「たくさんの意識」をもつわけではない。それぞれの種の即興演劇の舞台に、別々の演者のメンバーが立っている。ただそれだけのことだ。

こうした視点で、再びヒトを見てみよう。ほかの動物がもっていそうにない複雑な情動や感情をいくつか備えているだけでなく、ヒトが意識下の心で扱えるものごとの数と複雑さは圧倒的だ。ここでは自己認識という概念に注目する。

自己認識は単一の概念として存在するわけではない。この言葉には、多くの生物種がそれぞれ異なる形でもっている「認識」が含まれる。これらは三つの主要カテゴリーに大別される。時間的自己認識、身体的自己認識、社会的自己認識だ。[*24] 重要な但し書きとして、動物はそれぞれのタイプの自己認識をもっているが、意識下には置かないこともありうる。奇妙に思えるかもしれないが、これからそのしくみを説明しよう。

例えば、時間的自己認識とは、自分が（近い）将来も存在し続けると理解する能力のことだ。この能力は基本的にすべての心に生まれつき備わっている。そうでなければ、動物は決して目的や意図をもつことができないはずだ。ミヤマオウムのブルースは、小石を使って羽づくろいをしようという意図をもっていた。彼の心がこのように行動を調整できたのは、自分自身が将来も存在し続けることを認識していたからでしかありえない。しかし、だからといってブルースの時間的自己認識が即興演劇の舞台に立ち、意識のスポットライトを浴びていたとはかぎらない。ヒトの場合、僕たちは時間的自己認識を意識したときに何が起こるかを知っている。心的タイムトラベルやエピソード的未来予測が可能になるのだ。時間的自己認識が主役である間、僕たちは「自分の心がいま存在し、これからも存在し続ける」という感覚を、ほかの認知システムに波及させることができる。そうすることで、自分の心が過去や未来に存在するところや、やがて存在しなくなるところ（死の叡智）を想像することが可能になる。けれども、ブルース（および彼以外のたくさんの動物）がこのような状況にいる自分を想像できるという証拠はないため、時間的自己認識が彼の舞台に上ることはないのだろうと判断するほかない。それでも彼が目的をもって行動できることに変わりはない。時間的自己認識は、彼の心が依って立つ、無意識の土台の一部を構成しているからだ。

同じことが身体的自己認識にも言える。自分自身の体はこの世界に存在する物体であり、ほかの物体と切り離されており、心によって制御できるという認識のことだ。どんな動物も空間内で自分の体を自由に動かし、ほかの物体と相互作用できるという事実からして、身体的自己認識もまたきわめて基礎的な認知能力といえる。動物における自己認識を検証する古典的な実験課題に、鏡像自己認識がある。この課題では、動物の頭や体に気づかれないように印をつけたあと、鏡を見せる。もし動物が鏡を使って見慣れない印を調べたら、それは鏡のなかの像が自分自身だと理解している証拠であり、したがってその動物は「自己認識」しているといえる。このテストに合格した動物には、チンパンジー、イルカ、ゾウなどがいる。しかし、この課題でほんとうにわかるのは、一部の動物種にとって身体的自己認識は意識下の検討の対象となりうる、ということだ。イヌやネコが鏡像自己認識テストに不合格だったからといって、彼らは自分の体を認識していないと結論づけるのはばかげている。彼らの心は絶え間なく体を制御しているのだから、何らかの身体的自己認識がそこに織り込まれていることは明白だ。一方、イヌやネコは自分の体の特性について、チンパンジーのように意識的に熟考できないという可能性はおおいにある。イヌやネコが鏡を見て混乱するのはそのせいかもしれない。

最後は社会的自己認識だ。これは社会集団のなかでの自分と他者との関係を、社会的地位、関係の強さ、関係の質といった形で意識下で認識できる能力を指す。社会的自己認識のおかげで、僕たちは他者が自分をどう見るかを推測することができるので、心の理論の前提条件ともいえる。また社会的自己認識は、嘘やデタラメをまき散らすことや、相手がもっていると想定される知識や信念に基づいて他者がどう行動するかを推測することにも役立つ。さらに、他者の行動と比較して自分の行動を分析する能力を僕たちに与え、規範を道徳へと変貌させることにも一役買っている。すでに見てきたとおり、多くの動物たちも社会的自己認識を示す。つつきの順位を形成するうちのニワトリたちがいい例だ。けれども、うちのニワトリはおそらく社会的自己を意識下で認識してはいないし、そうする必要もないだろう。ニワトリ社会は無意識の規範だけで何の問題もなく機能するのだから、個々のニワトリが群れのなかでの自分の地位について意識的に考える必要はない。一方、ヒトは社会的自己について意識的に思考することで、さまざまな文化における驚くほど複雑な社会構造や、道徳、倫理、法の込み入った体系を（よいものかどうかはともかく）構築してきた。

動物の知性について問いかけるとき、僕たちはたいてい、ほかの生物種がこれら三つの自己認識をどれくらい意識の舞台に上げられるかを考えている。確かに興味深い疑問だ。個人として、あるいは集団の一員としての自分自身について考える能力があれば、複雑な行動を生み出す能力は格段にアップするだろう。これら三つの自己認識のすべてを意識的分析の対象とすることができるという点で、ヒトは唯一無二の存在なのかもしれない。

そのうえ、僕たちには自分自身の思考や認知に意識を向ける能力がある。メタ認知と呼ばれるものだ。

この概念を理解しやすいように、僕のお気に入りの例を紹介しよう。フロリダのイルカ研究センターの研究チームは、ナトゥアという名のイルカを訓練し、高い音（二一〇〇ヘルツ）を聞いたときは片方のパドルを、低い音（二一〇〇ヘルツ未満）を聞いたときはもう片方のパドルを押すように学習させた。ナトゥアが正解のパドルを押したときは報酬として魚を与え、間違ったパドルを押したときは長時間のタイムアウトを課した。タイムアウトとは、一定時間にわたって実験を中断することで、この間ナトゥアはご褒美の魚をもらえない。課題そのものはシンプルだが、低い音が二一〇〇ヘルツにどんどん近づくにつれ、ナトゥアは両者を区別できなくなってくる。そうなると、彼はただランダムにパドルを押し始める。間違えばしばらく魚が食べられないので、ナトゥアにとっては退屈だ。

音の区別が難しくなってきたとき、ナトゥアは答えに自信がないことを自覚しているのだろうか？それを検証するため、研究チームは三つめの「降参」パドルを用意した。降参パドルを押すと、少しの待ち時間のあとでもっと区別しやすい新しい課題が出題され、ナトゥアは再挑戦できる。音が高いか低いかわからないときには、間違えば長く待たされるのだから、降参がベストの選択肢だ。

高い音との区別が難しい低い音を提示されたとき、ナトゥアが示した行動は、答えを決めかねている動物が示すと予想される行動そのものだった。彼はゆっくりとパドルに近づき、明らかに躊躇するように左右に頭を動かし、最終的に降参パドルを押した。この行動に対するもっとも妥当な説明は、ナトゥアは（メタ認知によって）自分が正解を知らないこと、自分が課題を解くのに苦労していることを意識下で認識していたというものだ。言い換えれば、ナトゥアの思考プロセスは舞台に立ち、意識のスポットライトを一身に浴びて、彼に自分の思考について考えさせたのだ。

メタ認知が動物にもたらすものは、自分が何かを知らないことに気づく能力、自分自身の知識について考える能力だ。自分の無知に気づいていれば、より多くの知識を求めることで、意思決定プロセスを円滑化できる。一部の動物がこうしたメタ認知を備えていることを示唆する研究はごくわずかしかなく、その解釈も割れているが、サル、イルカ、類人猿、イヌ、ラットなどで例がある。動物にメタ認知能力があるとしても（ナトゥアにはありそうだが）、あまり一般的ではないようだ。一方、メタ認知はヒトの思考の根幹をなしている。僕たちは明らかにメタ認知を意識下で認識していて、それをもとに自分の思考の穴や問題点を見つけ出し、その他すべての認知能力を駆使して解決策を模索する。僕たちは数学や言語を使って意識的に思考を組み立て、また因果推論とエピソード的未来予測の能力のおかげで、自分が直面する問題に対して数限りない解決策を想像できる。

僕たちが好んで「知的」と呼ぶ複雑な行動がヒトに可能である理由には、確かに意識の機能が関係している。しかし、それは僕たちが、心のなかの数々の認知プロセスに主観的経験のスポットライトを合わせるやり方を身につけ、これらの認知プロセスの相互作用を調整して、より効率的に複雑な課題を解決できるという意味でしかない。すべての動物たちは豊かなクオリアに満ちた生を送っている。それぞれの即興演劇の舞台に上がり、意識すなわち主観的経験のスポットライトを浴びることができる認知プロセスがいくつあるか、どれだけ複雑であるかにかかわらず。

親愛なるアンドレアへ。こんなわけで、僕は自分が余命わずかなオスバチの生をほんの少し幸せなものにしていることを確信している。僕の考えでは、彼らの小さな心は、死の間際の最後の一口の蜂蜜がもたらす喜びを認識している。とはいえ、言うまでもないが、ヒトの心はオスバチの心よりはるかにたくさんのことを意識できる。この章で見てきたとおり、ヒトの意識の中身はほかの動物とは違っている。でも、だから何？　こうした認知能力（そしてそれらを意識する能力）のおかげで、生物種としてヒトがなしとげてきたことすべてが、①ヒトという種の成功の証であり、②地球にとってよいことなのだろうか？　この二つの大きな問いこそ、僕たちが次に取り組むテーマだ。

# 第6章 ● 予測的近視眼
## ——目先だけの先見性

出版、機械、鉄道、電報はみな前触れだ。一〇〇〇年後にこれらがどこへ行き着くのか、誰ひとり断言しようとしない。

——ニーチェ[*1]

ケイパビリティ・ブラウンはイングランドでもっとも著名な庭師だった。彼はまた、迫りくる人類の絶滅の原因を、ほんの少しだけ生み出した張本人でもある。

一七一五年生まれの彼は、本名をランスロット・ブラウンという。「ケイパビリティ」のあだ名は、彼がイングランドの貴族たちにしばしば語った、領地には「大いなる改善の余地がある（ケイパビリティ）」[*2]という言葉からとられたものだ。彼は造園において自然景観を重視し、一七世紀フランス式庭園の定番だった、刈り込まれた生け垣、石畳の小路、大きな噴水に代えて、湖、堂々たる木立、広々とした芝生からなる壮大な景色を作り上げた。彼は存命中、英国の一七〇の領地に庭園を造成し、そのなかには歴史ドラマ『ダウントン・アビー』のロケ地として一躍有名になったハイクレア・キャッスルも含まれる。このドラマのオープニングでは、ひとりの男性と彼の飼い犬が（ケイパビリティの発明である）完璧に手入れされた芝生を歩く先に、大邸宅が鎮座している。彼が後世に危険な遺産をもたらすことになったのは、まさにこうした芝生のせいだ。

特筆すべきは、ジョージ・ワシントンとトマス・ジェファーソンが彼の庭園の大ファンだったことだ。ジェファーソンのモンティセロ邸も、ワシントンのマウント・ヴァーノン邸も、ケイパビリティの意匠を真似て作られたもので、いずれも米国でもっとも有名な庭園に数えられる。どちらも無数のポストカードに描かれ、一九世紀初頭に米国じゅうの数百万のキッチンテーブルに飾られた。よく知られた邸宅のまわりには広大な芝生が広がり、イラストがほんとうなら、上流階級の人々が日傘を手に散歩し、バドミントンを楽しんだ。こうして芝生は芽生えてまもない美徳の一部となった。米国という名の実験は国家の繁栄をもたらし、勤勉に働きみずから価値を生み出す意思のある人なら、誰でもその恩恵にあずかることができる（そしてシャトルを打ちあうだけの余暇を得られる）という美徳の。アメリカンドリームはみんなのものだった。といっても、もちろん芝生を刈って整備する仕事を強いられた奴隷たちは別だ。米国はいまもこのパラドックスと向き合い続けている。

一九世紀初頭、平均的な米国人は芝生を手入れするだけの時間もお金も奴隷ももっていなかった。並外れて裕福な人々だけがこうした贅沢を楽しんだ。しかし一八三〇年、エドウィン・ビアード・バディングが芝刈り機を発明したことで、芝生はぐっと身近になった。その後の一世紀の間に、芝生は個人の成功と国家の繁栄の象徴となった。自動車が米国の主要交通手段になるにつれ、庭は家主の成功を見せびらかす手段となり、郊外の道を通るドライバーたちは感嘆の声をもらした。やがて白い柵の向こうの短く刈り込まれた芝生は米国らしさの究極のシンボルとみなされるようになり、いまもその地位は揺るがない。

米国人は芝生を心から愛している。国内の芝生の面積は一六万三八一二平方キロメートルで、[*3]フロリダ州の面積に匹敵する。マサチューセッツ州、ロードアイランド州、デラウェア州、コネティカット州の土地の二〇％は芝生に覆われている。[*4]米国の一億一六〇〇万世帯のうち、じつに七五％に何らかの芝生がある。[*5]人類が地球上の土地を改変してきたその他のありとあらゆる方法についてはいったん脇に置くとして、僕たちの芝生偏愛がもたらした景観の激変に相当するような現象は、動物界にはまったく見られない。強いていえば、ブラジル東部に大昔から存在するシロアリの塚の広大なネットワークがいちばん近いかもしれない。それぞれ高さ二・五メートルほどのこれらの巨大な塚は、総面積二三万平方キロメートルに及ぶブラジルの一地域に広がり、宇宙からも存在を確認できる。[*6]塚どうしの間隔はおよそ二〇メートルで、総数は二億個に達する。シロアリがこれらの建設に着手したのは約四万年前のことだ。シロアリが移動経路や居住空間として網目のようなトンネルを掘り、不要な土を地表に運び出すことで、徐々に塚が形成された。要するに壮大なるゴミ捨て場だ。しかし、ヒトの芝生と違って、シロアリの塚は自然環境にポジティブな効果をもたらし、カアティンガと呼ばれるブラジルの乾燥林の下層土壌を形成する。カアティンガは生物多様性の宝庫であり、一八七種のハナバチ、五一六種の鳥、一四八種の哺乳類、そして一〇〇〇種以上の植物が確認されている。[*7]

僕はたぶん、家事または仕事としての芝刈りに、これまでの人生の一〇〇〇時間以上を費やしてきた。正直言って、ケイパビリティ・ブラウンと建国の父たちにカモにされた気分だ。芝生はモノカルチャーの不毛の地で、野生動物の生息地としてはほぼ完全に無価値だ。人類の食料が得られるわけでもないのに、時間とお金と資源の莫大な投資を必要とする。ソースティン・ヴェブレンが著書『有閑階級の理論』[*8]のなかで考案し、「みずからの富を見せびらかすという特定の目的をもって購入される商品やサービス」と定義した「顕示的消費」の典型だ。芝生はまた、環境保護運動に向けて突き立てられた巨大な中指でもある。米国人は一日あたり三四〇億リットルの水を芝生だけのために使う。国内の水消費量のおよそ三分の一だ。[*9]このうち半分近くは蒸発し、風に飛ばされ、流出して、根に達することなく浪費されている。しかも、芝刈り機には毎年四五億リットルのガソリンが使われていて、その環境負荷の深刻さは想像をはるかに超える。芝刈り機のエンジンは自動車などと比べて桁違いに燃焼効率が悪く、膨大な量のガソリンを浪費して二酸化炭素を排出する。ガソリン式芝刈り機を一時間使った場合の二酸化炭素排出量は、自動車を一六〇キロメートル運転することに匹敵するのだ。[*10]環境保護庁の推定によれば、芝生の手入れは米国の年間二酸化炭素総排出量の四%を占める。[*11] こうして、僕たちは芝生のために毎年とんでもない量の二酸化炭素を大気中に排出している。いったい何の目的で？

もちろん、ケイパビリティがすべての元凶とは言えないだろう。彼には自身の造園技術がもたらす結果を予測することなどできなかった。それでも、仮定の話をしてみよう。現代のタイムトラベラーが一八世紀に飛び、ケイパビリティを呼びつけて、芝生という彼のアイディアはやがて文化的強迫観念に行き着き、気候変動を悪化させ、ヒトという種の存続を脅かすと説明したとする。彼はアイディアを没にするだろうか？　僕にはそうは思えない。人類は、将来的に負の影響がもたらされる証拠があったとしても、現在の自分自身の行動を正当化できるという、驚くべき能力を備えている。どんなにカリスマ性にあふれたタイムトラベラーが、どんなに懇切丁寧に説明したとしても、ケイパビリティに自身のライフワークを放棄させるのは難しいはずだ。なにしろ、現代の僕たちも、化石燃料を燃やすことの危険性を知っていながら、いまだに芝生偏愛にとらわれているのだ。地球がポストアポカリプスに陥る危機にあろうが、必要もないのに広く行き渡っているこの習慣に潜むリスクに気づいていようが、僕たちは芝生の手入れをやめない。

この種の認知的不協和のことを、僕は予測的近視眼（prognostic myopia）と呼んでいる。予測的近視眼は、ヒトが未来について考え、未来を変える能力をもっていながら、将来に起こる事態について真剣に気にかける能力を欠いていることを指す。こうした現象が起こるのは、ヒトが独自の認知能力を駆使して複雑な意思決定をおこない、その決定が長期的な影響を及ぼすためだ。けれども、僕たちの心はおもに（遠い未来への影響ではなく）直近の成果に対処するように進化してきたため、僕たちがこうした意思決定の長期的な影響を経験したり、理解したりできることはめったにない。これこそ、ヒトの思考のもっとも危険な欠陥だ。人類の絶滅をもたらしかねないほどの脅威と言ってもいい。そこで、この章丸々一つを使って、予測的近視眼とは何か、どのように形成されたのか、日常生活にどんな影響を及ぼしているのか、なぜ人類絶滅レベルの脅威であるのかを、これから説明していこうと思う。

## 予測的近視眼とは何か？

すべての動物がそうであるように、ヒトもこの世界で生きていくために、自分自身の毎日のニーズを満たすような日常的な意思決定を下さなくてはならない。食料、隠れ家、セックスといったものだ。この種の即時的な意思決定は、生命そのものと同じくらい長い歴史をもち、生物学の根幹をなす。しかし、ヒトは因果推論、エピソード的未来予測、意識的熟考といった独自の能力のおかげで、目の前にある日常の問題に、地球の歴史上類を見ないようなスケールで将来に影響を及ぼす解決策をあてはめることができる。僕たちは技術的・工学的ソリューションを編み出すことができるが、ニーチェの言葉を借りれば、「一〇〇〇年後にこれらがどこへ行き着くのか、誰ひとり断言しようとしない」。ほかの動物と同じように、ヒトの生物学的特性は僕たちに、いまここにある問題への対処を迫るが、ほかの動物とは違って、僕たちの意思決定から生まれるテクノロジーは、将来世代が生きる世界に破壊的な影響をもたらしうる。この断絶が、予測的近視眼の核心だ。

具体例で見てみよう。いま、あなたは小腹が減ったとする。一万年前なら、あなたは森に入っていって、枯れ木に手を突っ込み、おいしいシロアリをほじくり出しただろう。問題解決。お腹は満たされた。一方、現代のあなたはキッチンまで歩いていってバナナを手にとる。問題（空腹）が同じなら、解決策（食料）も同じだ。

二つの違いは、現代においてバナナが簡単に手に入る状況が、ヒトが作り上げた技術的プロセスに完全に依存しているせいで、ただおやつを手に入れるだけの行為に、想像をはるかに超える複雑な事態が伴うことだ。そして、僕たちはこうしたプロセスが生み出す長期的な影響を考慮してこなかった。では、ヒトが作り上げたプロセスとはいったい何のことだろう？

読者のみなさんのほとんどは、バナナが自生する地域には住んでいないだろう。ほとんどのバナナは、ドール、デルモンテ、チキータといった生産者が、南米のプランテーションで育てたものだ。つまりバナナは、収穫後に最寄りの南米の港までトラックで運ばれ、飛行機や船に積み込まれ、世界を半周して輸送され、輸入国で加工され、食料品店に陳列され、あなたに購入されて、フルーツボウルに収まったわけだ。購入した店がばかばかしい包装ルールのあるスーパーマーケットなら、食べる前にプラスチック袋からバナナを取り出さなくてはいけないだろう。あなたの目を奪う見事な色と形は、栽培に使用された化学肥料と殺虫剤の賜物だ。いうまでもなく、海を越えてバナナを輸送し、石油化学製品である袋でバナナを包むのに伴うカーボンフットプリントは膨大だ。それにもちろん、かつて熱帯雨林だった土地に殺虫剤と化学肥料を大量に投入しておこなわれる、モノカルチャーの環境負荷もある。僕たちのバナナ欲を満たすため、在来植生は一掃される。要するに、おやつが欲しい気持ちは二一世紀でも一万年前でも何一つ変わらないが、僕たちは複雑な認知能力のおかげで、途方もない規模の産業活動（石油・

天然ガス採掘、工業的農業、土壌枯渇など）に従事し、地球を居住不可能なゴミ溜めに変えつつあるのだ。僕たちのキッチンを満たしている、世界の農業・工業複合体によって生み出された食料は、本質的に人類という種の生存を脅かす大問題だ。

バナナの例では、予測的近視眼がもたらす主要な二つの悪影響に注目した。第一に、ヒトはほかの動物と異なり、目の前の問題に対する長期的解決策を生み出すことができるが、それは将来世代に想定外の結果をもたらす。バナナ欲を満たすために熱帯雨林を皆伐したり、ケイパビリティ・ブラウンにインスパイアされた芝生の維持のために水資源を枯渇させたりといったことだ。第二に、たとえ長期的解決策の悪影響を予測できていても、僕たちの心はその悪影響について、即座に望ましくない結果が返ってくる場合ほどには、本気で心配できるようなつくりをしていない。あなたは生まれつき、バナナの単一栽培のためにブラジルの熱帯雨林を皆伐することの将来的影響を気にかけるようにできていない。スーパーでバナナを選んでカートに放り込むほうが生得的傾向なのだ。タイムトラベラーがケイパビリティ・ブラウンに芝生のアイディアを捨てるよう説得できないのは、こうした無関心のせいだ。

次に、予測的近視眼がどのように形成されたかを理解するため、まずは動物の意思決定が将来起こりうる問題への対処にいかに向いていないかを説明しよう。

## ヒトは未来を感じられない

前章で僕たちは、主観的経験（意識）が脳内で複数の認知システムを活性化させ、複雑な意思決定を促すしくみを学んだ。ヒトが備えるいくつもの独自の認知能力は、この即興演劇の舞台に立ち、主観的認識のスポットライトを浴びて、意思決定に関与する。因果推論、心的タイムトラベル、エピソード的未来予測、時間的自己認識といったものだ。だが、意思決定には多数の無意識の認知システムも関与している。意識下と無意識下の二つのシステムは並行して働き、僕たちの意思決定行動を生み出す。これらはまた、予測的近視眼の遠因でもある。このしくみを理解するために、僕が世界でいちばん好きな動物を例に出そう。うちの娘だ。

たいていの小学生と同じように、うちの娘も朝は不機嫌だ。彼女は無愛想になり、小学生なりのどんよりした言葉を投げつけてくる。「学校なんか嫌い、みんな全部嫌い」というように。誰も幸せにならない展開だ。ここでちょっとした子育てアドバイスを一つ。小学生に「そんな暗いこと言わないで」と諭すのは無意味だ。それよりも、昔ながらの行動操作術を試してみよう。オペラント条件づけだ。子どもの無意識の行動を操作するととても強力な方法であり、たとえ子どもたちが操られていることに気づいていても、変わらず効果を発揮する。

娘に機嫌よく朝を過ごしてもらうことを目標として、僕は娘と向き合い、どんなふうにオペラント条件づけを進めるつもりか（そしてオペラント条件づけとは何か）を説明する。基本的な発想としては、娘が期待通りの行動をしたら、即座にポジティブな報酬を与える。具体的に言うと、娘が何か明るいことを言うたびに、僕はチーズポップコーンを一つ彼女にあげる。まもなく娘の脳は、いいことを言うことと、おいしいおやつをもらうことの間に、容易には消えないつながりを築く。すると、彼女の心の無意識の部分が、ポップコーンを食べることに伴うエンドルフィン放出を得られるように、彼女にポジティブな発言を促すようになる。動物行動学の実験で研究者が利用する方法とまったく同じだが、僕の場合、被験個体にこれから何がおこなわれるかをすべて説明することができる。僕と娘はどちらも、これから娘の脳により多くの幸せを作らせるための訓練をすることを認識し、娘はこの目標に全面協力してくれた。

作戦は大成功だった。

毎朝、僕はジップロックにチーズポップコーンを詰めて持ち歩き、娘が何か前向きなこと、例えば「今朝は寒いね、あったかいジャケットがあってよかった」とか、「お昼にチーズマカロニ食べるの楽しみだな」とか言うたびに、一つずつ彼女にあげた。わが家の朝はまたたく間に明るく幸せなものになり、全員の気分が改善した。娘は学校に行くのが好きになった、とまでは言えないかもしれないが、以前よりも幸せになったのは確かだ。

これは脳が意思決定に利用するもっとも古い方法の一つだ。ショウジョウバエでも小学生でも、脳は特定の行動が即座にポジティブな（あるいはネガティブな）結果をもたらす場合、すぐさまそれを学習する。シンプルで古典的なやり方で意思決定をハックして、一種のヒューリスティックを作り出すのだ。心理学においてヒューリスティックとは、すばやい意思決定に役立つ心的ショートカットや経験則を意味する。うちの娘はもう、食卓を取り巻くいくつもの話題にできそうなことについて考え、それぞれがどれくらい両親をイラつかせるかを詳細に分析することに、時間を浪費しなくなった。代わりに、オペラント条件づけが彼女の脳を楽しいほうへと追い立てたのだ。

いうまでもなく、即時的な意思決定をしているときの脳は、長期的影響について熟考していない。つまり、無意識の瞬間的な意思決定は、予測的近視眼の問題の本質なのだ。ヒトの意思決定がどれだけ無意識のヒューリスティックに支配されているかを知れば知るほど、その役割の大きさを痛感させられる。

過去二〇年以内に空港の本屋に入ったことがある人なら、ヒトの意思決定がいかに無意識のプロセスに（支配とはいわないまでも）左右されているかを、豊富な事例をあげて解説するたくさんのポピュラーサイエンス本を見かけた経験があるはずだ。マルコム・グラッドウェルの『第一感』は、僕たちが下す自動的な（意識的思考を伴わない）意思決定のほうが、しばしば何時間も何日も悩んだ末の決断よりもすぐれていると論じる。ダニエル・カーネマンの『ファスト&スロー』は、僕たちが意思決定に際して、いかに高速で自動的な無意識の思考（システム一）を、低速で計算づくの意識的な思考（システム二）よりも頼りにしているかを示す。カーネマンは両者の関係を次のように説明する。「システム一とシステム二はいずれも、覚醒中は常にアクティブな状態にある。システム一は自動的に稼働し、システム二は通常時には快適な低出力モードで稼働しており、後者は性能のごく一部だけを使用している。システム一は常にシステム二へのサジェストとして、印象、直感、意図、感情を作り出している。システム二が賛同した場合、印象や直感は信念に、衝動は自発的行動に変換される。万事滞りなく機能しているかぎり、つまりたいていの場合において、システム二はシステム一のサジェストにほとんど手を加えることなく賛同する」[*12]

無意識の思考の力や普遍性について説明したベストセラー本は枚挙にいとまがない。リチャード・セイラーの『実践行動経済学』、チャールズ・デュヒッグの『習慣の力』、ジョナ・レーラーの『一流のプロは「感情脳」で決断する』、オリ・ブラフマンの『あなたはなぜ値札にダマされるのか?』、リード・

モンタギューの『あなたがこの本を買う本当の理由（Why Choose This Book?）』。そのなかの一つが、ダン・アリエリーの『予測どおりに不合理』だ。ヒトの意思決定メカニズムを研究する行動経済学者のアリエリーは、僕たちは自分で思うほど合理的で意識的な意思決定者ではないという考えを広く普及させるのに一役買った。僕たちは周囲の環境構造から（無意識に）意思決定を下すように促されていると、彼は主張する。外部環境がヒューリスティックと認知バイアスを起動させ、意識的思考や合理性を必要としないまま、行動が生み出されるのだ。彼が好んであげる例の一つが臓器提供だ。[*13] エリック・ジョンソンとダニエル・ゴールドスタインによる有名な研究により、ヨーロッパの一部の国々は死後の臓器提供に同意する人の割合がきわめて高いのに対し、ほかの国では非常に低いことが明らかになった。[*14] この同意率の差は、文化の違いに根ざしたものではない。例えばオランダでは、臓器提供に同意する人の割合は二七・五％だったが、すぐ隣の国であり、文化的にも言語的にも強い結びつきをもつはずのベルギーでは、同意率が九八％に達していた。この極端な違いは、人々が臓器提供について、あるいは生涯最後の意思決定についてどう考えているかとは、何の関係もなかった。すべての鍵を握っていたのは、運転免許の申請時に記入する臓器提供意思表示フォームだった。

オランダの書類では、臓器提供プログラムに参加したい場合はボックスにチェックを入れるよう指示されていた。一方、ベルギーの書類では、不参加を望む場合にチェックを入れる形式になっていた。どちらの書類でも、ボックスにチェックを入れるかどうかの意思決定は、臓器提供に関する質問についてじっくり考えた末に下されたものではなかった。人々はたいてい、どちらの形式でもボックスを空欄にしただけだったのだ。ヒトには現状を維持しようとする無意識のバイアスがある。行動を起こして現状を変えるか、いまのまま続行するかの選択を迫られた場合、僕たちは抵抗の少ないほうを選ぶ。臓器提供の例でいえば、人々はただ、わざわざボックスにチェックを入れる面倒を避けただけだった。そのため、政府が申請書類の質問形式を「不参加の場合はチェック」に変更すると、臓器提供への同意率は跳ね上がった。人々の隠れたヒューリスティックに働きかけ、無意識の意思決定をするよう仕向けていたのは、環境（ここでは申請書）だったのだ。

ここで重要なのは、人々になぜ臓器提供プログラムに参加する（あるいはしない）のかを尋ねると、彼らは自分の行動を生み出した無意識の思考にまったく気づいていなかったことだ。「簡単に言えば、人々は自分の意思決定の理由をでっちあげたのです」と、アリエリーはNPRのガイ・ラズによるインタビューで語った。「彼らはまるで、自分が一週間かけて考え抜いたかのように答えます。デフォルトが不参加の書類に記入した人は、医療制度に不安を感じていて、参加の意思表示をしたら早めに生命維持装置を止められるかもしれないから、というように。そしてデフォルトが参加の書類に記入した人なら、両親がわたしを思いやりのあるすばらしい人になるように育ててくれたから、といった具合です」[15]

彼らは嘘をついていたわけではない。彼らの意識的思考が、自分がなぜその選択をしたのか、後づけの説明を探し出しただけだ。でも、そんな理由は幻想だ。「わたしたちはふつう、自分は運転席に座っていて、自分の意思決定や、自分の人生の方向を完全にコントロールしていると考える」と、アリエリーは『予測どおりに不合理』で述べている。「しかし、残念ながら、こうした認識は現実よりも、わたしたちの願望、つまり自分をどんな存在と考えたいかを反映したものだ」

この臓器提供の例は、とりわけ予測的近視眼の問題と深くかかわっている。死後にあなたの肝臓や心臓をどうすべきかという質問に答えるには、とてつもなく複雑な思考が必要だ。明らかに、あなたが死の叡智を備えていることを前提としている。そのうえ、あなたが数年から数十年後に自分の臓器を提供することについてどう思うかを予測し（将来の心的状態を予測する能力）、さらにはほかの人（例えばあなたの臓器のレシピエント）がこの意思決定についてどう思うかを、心の理論を駆使して予測することが期待されている。臓器提供意思を尋ねる質問は、ヒトの認知と意思決定にかかわるもっとも複雑な要素の集合体を、意識の舞台に上げるよう要求しているのだ。第5章で考察したように、このような認知能力を備えた動物は僕たちのほかにいない。

にもかかわらず、肝臓を提供するかどうかの意思決定は、結局のところ、こうした複雑な認知とは何の関係もない「わざわざチェックを入れるのめんどくさい」という一つの凡庸なヒューリスティックに左右されていて、しかもそれが意識下の認識対象となることは決してない。心のなかの見えない力が、僕たちに意思決定をさせているのだ。僕たちの意思決定を支配する見えない力の存在を明らかにした研究は数え切れないほどあり、ヒトにほんとうに自由意志などあるのだろうかと疑わしく思えてくるほどだ。僕のお気に入りの例を以下に三つ紹介しよう。

女性は、排卵直後かつ生理が始まる前の時期、自分の性的パートナー以外の男性に魅力を感じやすい。[*16] この傾向は、現在の性的パートナーの顔の左右対称性が低い場合により顕著になる。つまり、あなたがストレートまたはバイセクシャルの女性で、近所のスターバックスの店員が急に魅力的に思えたとしても、それは彼が話上手で笑顔が素敵だからではない。いまの彼氏の鼻が歪んでいて、あなたの体がもっと左右対称な相手とセックスさせようと仕向けているだけなのだ。

あなたはニューヨークのような都市に住んでいる白人男性で、こんな実験に参加したとする。画面を見て、だんだん焦点が合ってくる画像のなかから、できるだけ速く銃を見つけてボタンを押すというものだ。このとき、実験者の僕がこっそり、課題画像の前に黒人男性の顔写真を一瞬だけ提示すると、あなたの反応は速くなる。[*17] 顔写真の提示時間はとても短く、あなたは提示されたことに意識的には気づいていないにもかかわらずだ。いったいなぜか？ 北米で育った白人男性は、黒人男性と犯罪を結びつける無意識のバイアスをもっているからだ。この現象は、自分には人種差別意識は微塵もないと断言する白人男性にもあてはまる。

陳列棚に六種類のジャムが並んでいるほうが、二四種類のジャムが並んでいるときよりも、あなたはジャムを買いたくなる。[*18] なぜか？ ヒトの心は、検討すべき選択肢が多すぎると、「選択肢過多」の状態に陥るからだ。選べるジャムの種類が多いほど、あなたが買わずに帰る確率は上がる。ジャムを買うかどうかという僕たちの意思決定は、ジャム瓶の中身よりも、しばしば棚にジャム瓶がどんなふうに並んでいるかに依存するのだ。

こうした認知バイアスや後天的ヒューリスティックの例ならいくらでもあげられるが、要点はこうだ。僕たちがスローな審議方式の合理的思考を経てたどり着いたつもりでいる意識的な意思決定でさえ、しばしばその大部分は、意識の外で稼働する膨大な数の無意識のプロセスによって生み出されて（少なくともそれらに影響されて）いる。

ヒトの思考や日常的意思決定がこれほどまでに無意識的作用の影響下にあるという事実は、予測的近視眼という現象を理解するうえできわめて重要だ。僕たちの意思決定は、たとえ問題を確かに意識的に熟考していても、しばしば心のなかの隠れた情動やヒューリスティックの産物であることを、まざまざと示している。そして、こうした情動やヒューリスティックは完全に目の前の課題の解決に特化したデザインになっていて、遠い未来に起こりうることなど眼中にない。この隙間に、予測的近視眼が入り込む。

一時間後、明日、あるいは一年後といった、目先とはいえない未来に関係する意思決定を迫られたとき、僕たちはエピソード的未来予測と時間的自己認識によって、未来の時点にいる自分の姿を想像できる。それから僕たちは、異なる選択を下した場合にそれぞれ自分がどう感じるかに思いをめぐらせることができる。けれども、こうした遠い未来の想像上のシナリオは、ヒトに固有の認知能力で生み出されるものでありながら、直近の未来に起こりうるシナリオほど情動に重みづけされない。いま、ここにある空腹を意識的に認識すれば、バイアスやヒューリスティックを含むたくさんの無意識の力が活性化され、それらがいま何をすべきかの意思決定を促す。一方、僕たちは確かに五カ月後にお腹を空かせている状況を想像できるが、それが呼び起こす無意識の力は、いま空腹であるときほどには意思決定に影響を及ぼさない。無意識のプロセスは、未来を理解するようにデザインされていないのだ。ここに予測的近視眼のパラドックスがある。僕たちは未来に何を感じるかを想像することができるが、その感情は現時点の感情と比べれば、僕たち自身にとって意味をもたないのだ。エピソード的未来予測が主観的経験の即興演劇の舞台に立ち、心の無意識の部分に届けられるとき、無意識の作用の一部は、自分が何を見ているかを理解できない。これら太古のプロセスは、何億年も昔に誕生し、現在の問題への対処に特化して進化してきたのだ。遠い未来の可能性と、これらの間に接点はない。このように、未来について考え、そこにいる自分を想像する僕たちの能力と、僕たちの意思決定システムは、後者の構成要素の一部が自分に課されたタスクを十分に理解できないせいで、互いに競合してしまうのだ。

ヒトという種の意思決定のしくみについて、またそれと予測的近視眼がどう関係するのかについて理解が深まったところで、今度は未来志向の意思決定がまずい方向に転がったときに何が起こるのかを見ていこう。

## 予測的近視眼が日常にもたらす問題

予測的近視眼のせいで、僕たちは将来にかかわる意思決定を適切におこなうことができない。いまここにある問題に強く影響されてしまうからだ。こうした困難が日常生活にどんな影響を及ぼしているかを知ってもらうには、僕の日常を例にとるのがいいだろう。以下に、僕が過去四八時間以内に下した決断と、僕が直面するすべての問題への最適解をいつも知っている意思決定ロボットの提案を比較していく。ロボットの名前はプログノスティトロンだ。プログノスティトロンの目標は、僕自身の健康と幸福に加え、僕の将来の子孫の健康と幸福も最大化することだとしよう。僕も同じことを目標にしているはずだと思うかもしれない。だが、僕の実際の行動を見れば、明らかにそうではないとわかる。

事例1：ジャスティンは歌いたい。

ここ数年、僕は毎週何人かの友達と集まって音楽をやっている。みんな子持ちの中年男性で、高校のときはロックバンドをやっていた。中年の危機まっさかりのおじさんがいかにもやりそうなことをしているわけだ。この前の練習で、僕たちは夜一〇時半を回ってからようやく調子が出てきた。子どもたちは翌日も学校だったので、ほんとうはみんな一一時には家に戻るべきだったが、僕たちは絶好調だった。そろそろ片付けて帰ろうかと楽器ケースをちらちら見始めた頃、誰かが言った。「もう一曲くらいできるよな？」

決断のときだ。プログノスティトロンによれば、唯一の合理的選択肢はノーということだ。楽器を片付け、一一時までに帰宅してベッドに入るべきだ。僕の健康と幸福のレベルは、最低七時間の睡眠によって最大化される。明白な事実だ。では、僕はどうしたか？

僕は言った。「そうだな、もう一曲やろう」

この瞬間、僕は正しい選択肢を意識的に認識していた。だが、競合する情報が（一部は無意識のうちに）洪水のように僕の心に押し寄せ、僕をその場に残らせた。明らかに僕は楽しい時間を過ごしていたので、僕の脳は声を枯らして九〇年代のグランジロックを歌うことに伴うエンドルフィンの放出を続けるべきだと主張した。それに、もしかしたら僕はどこかで、先に帰ってほかのメンバーをがっかりさせたくないと思っていたのかもしれない。僕たちのグループが有害な同調圧力に満ちているとは思わないが、ヒトの根源的本質に由来する人間関係への不安を完全に拭い去ることはできない。友人との絆を維持したいという無意識の欲求は、僕にその場にとどまるようささやいた。もちろん、僕は（エピソード的未来予測によって）いつもの就寝時間を超えて夜ふかしすれば、翌日どんな気分になるかを想像できた。不機嫌でぼんやりして、使いものにならないに決まっている。これにはきっと共感してもらえるはずだ。明日も早く起きないといけないとわかっているのに、夜中までドラマをぶっ続けで見てしまった経験は、誰にだってあるだろう。エピソード的未来予測という能力のおかげで、翌朝まで疲れがとれなくなると頭ではわかっていながら、その瞬間が楽しすぎて、僕は最適な行動をとることができなかった。

こうして、僕たちはあと何曲か演奏し、帰宅した頃には真夜中を過ぎていた。もちろん翌朝の僕はゾンビのようだった。これは予測的近視眼そのものだ。僕は夜ふかしが将来の自分の感情と身体の状態に及ぼす効果を理性のレベルで認識していたにもかかわらず、僕の心は行為がもたらす結果を意思決定プロセスに参照されるような形で実感することができず、そのせいで間違った選択を正当化した。僕の理性はぐったりした未来の自分を認識していた。そして翌朝目覚めると、まさに想像したとおりになっていた。それでも、その瞬間が実際に訪れるまで、僕は意思決定の結果を実感できなかった。

事例2：ジャスティンはホールマーク［訳注：家族向けの映画やドラマを主体とする米国の動画配信サービス］の映画を見たい。

フリーランスライターとして、僕はたいてい自宅で仕事をしている。進捗に目を光らせている上司はいない。僕の背中を押すのは、自分自身のやることリストと締切、それに「何かやらなくちゃ」というあいまいな感覚だけだ。自制心によって生産性を維持している、といってもいい。でも昨日は、どういうわけかそんな気分になれなかった。僕のなかの先延ばし欲が過去最大を記録していた。妻はスランプの僕を励まそうと、ランチのあとで一緒にホールマークのクリスマス映画でも見る？　と聞いてくれた。荒唐無稽なB級映画を見て一緒に大笑いするのは、妻と僕の間では恒例行事だ。気晴らしになるのは間違いないし、彼女の提案はもっともだ。

またもや僕は決断を迫られた。午後はNetflixを見るか、それとも仕事に戻るか。プログノスティトロンは明白な答えを示す。机に戻ってコンピューターに向かい、仕事を進めなさい。それ以外の選択は、危機的状況を招くおそれがある。締切を破ったり、僕に仕事をくれたクライアントを失望させたりすれば、今後の仕事がこなくなって深刻な精神的苦痛を味わい、もちろん経済的困窮にも陥るかもしれない。考えるまでもない。ホールマークの映画はパスして、仕事をするべきだ。

では、僕はどうしたか？　もちろん、僕は『クリスマス・プリンス』を見た。ちなみに映画は思ったよりずっとまともだった。ローズ・マクアイヴァーはいい女優だ。

この選択をどうしたら正当化できるだろう？　僕はプログノスティトロンと同じくらい、何が危険にさらされるか、何が正しいことかを理解していた。だが、あの瞬間の僕は、頭のなかを駆けめぐるネガティブな考えを追い払えそうなことをしたいとも思っていた。そのためのいちばん簡単な方法は、気晴らしをすることだった。それにもちろん、映画を見れば生涯の伴侶と上質な時間を過ごすことができ、このうえなく満たされる。僕の心は、意思決定によって即座に得られる報酬と、長い目で見たネガティブな結果を天秤にかけるという難題に直面した。予測的近視眼のおかげで、僕は将来の苦痛に奇妙なくらい鈍感だった。

動物の認知に関する研究で知られる心理学者のエドワード・ワッサーマンとトーマス・ゼントールは、二〇二〇年にNBCニュースに寄稿したエッセイのなかで、僕のような人間がなぜこれほど意思決定が長期的にもたらす結果を気にかけることが苦手なのかを、次のように説明した。

生存にかかわる直近のニーズ（ヒト以外の多くの動物にもある古い脳部位が司るとされる）が存在する

かぎり、わたしたちは依然として衝動的行動に走る。そして、こうした行動は、かつてはわたしたちの生存と繁殖成功を高めたが、いまでは最適とは言えない。わたしたちが生きる環境においては、長期的結果がますます日常生活に重要な役割を果たすようになってきているからだ。[*19]

この一節には、僕の日常が予測的近視眼に満ちている理由が凝縮されている。それだけでなく、予測的近視眼がもたらすはるかに不吉な結果をも説明している。人類が生きる世界が長期的結果に満ちているおかげで、僕たちのまずい意思決定は、日常生活に悪影響を及ぼすだけで終わらない。現代に生きる人々が下す意思決定の副作用に、ほかの人たちが気づくのは何年も先の話だ。何世代も先の未来になることさえ珍しくない。にもかかわらず、僕たちの心はこうした結果を実感できるデザインを備えていない。それどころか、意思決定に関するかぎり、結果が時間的に先のことになるほど、僕たちの関心は薄れていく。あなたがとっくに死んでしまっている、いまから三〇〇年後の世界を想像する場合、エピソード的未来予測のなかで生み出される情動の重要性はさらに割り引かれる。もはや時間的自己をタイムトラベルの主役に据える意味がないので、代わりに自分の子孫を仮定して、ほとんど想像もできない架空の風景のなかを歩かせようとする。こんな知的エクササイズは、僕たちの脳が対処できるように進化してきた意思決定とはあまりにかけ離れている。予測的近視眼はこんなふうに、僕たちに破滅をもたらそうとしている。

## 予測的近視眼がもたらす破局的未来

二〇一六年、グローバル・チャレンジズ・ファウンデーションが発表したレポートによれば、「今後一〇〇年以内に人類が絶滅する可能性は九・五%[*20]」だ。三つのもっとも有力な絶滅要因は、①核による大量殺戮、②気候変動、③生態系の崩壊[*21]であるという。いずれも、ヒトの認知能力が生み出したテクノロジー（核兵器や内燃機関）が、恐るべきスケールで地球にダメージを及ぼし、結果的に人類の存続が不可能になるという筋書きだ。テクノロジーが最初に発明されたときには、それが引き起こすかもしれない負の影響が知られていなかった、という単純な話ではない。例えば、原子をバラバラにしようという探究は、人類が具体的な負の影響、すなわち一撃で数百万の人々を殺せる爆弾を作ることを望んだからこそ実行された。核兵器の開発に携わった人々は、予測的近視眼こそがその元凶（あるいは成功をもたらす祝福？）だったと公言している。マンハッタン計画に参加した科学者のひとりであるロバート・クリスティはかつてこう述べた。「わたしは広島の写真を見た。重度の熱傷を負い、引き裂かれた肉が腕から垂れ下がる人々の写真を見た。開発にあたっていたときは、こんなことは考えなかった。目の前の問題を解決することしか考えていなかった[*22]」

僕たちにとって、未来予測という認知能力を意識のステージから降ろし、目の前の問題への対処に注意を向けることはあまりに簡単だ。こうした能力は、アジット・ヴァルキが人類に不可欠だったと考える、自分自身の（そして他者の）死についての思考を心の片隅に隔離するような否定の能力と密接に結びついている。否定能力のおかげで、僕たちはこうした思考を無意識の暗闇に追いやり、爆弾作りの仕事に向かうことができるのだ。

さて、いよいよ予測的近視眼がもたらす実存的脅威のこれ以上ないくらいわかりやすい実例に向き合うときがきた。グローバル・チャレンジズ・ファウンデーションが最有力視する人類絶滅の原因のうち二番目と三番目にかかわる、意思決定と否定の物語だ。加えて、破壊的影響をもたらすことを完全に理解していながらテクノロジーを世に送り出すことにした意思決定も登場する。僕が言っているのは、もちろん化石燃料のことだ。

最初に難点を認めよう。現代史のどこかのある一点で、僕たちの認識が「化石燃料の燃焼に伴う二酸化炭素の排出は気候変動を引き起こすおそれがある」から、「確実に引き起こしている」に切り替わったわけではない。コンセンサスの形成には時間がかかった。それでも、石油業界自体が、地球環境に絶滅レベルの深刻なダメージを与えている事実をどれだけ認識していたかに関して、明らかになっていることを見ていこう。一九六八年、スタンフォード研究所に所属する研究者だったエルマー・ロビンソンとR・C・ロビンスは、米国石油協会に大気汚染物質に関する報告書を提出した。[*23] 彼らはそこに、化石燃料の燃焼によって放出される二酸化炭素の危険性に関する記述を盛り込んだ。報告書は、「二酸化炭素は地球の熱的平衡を維持するうえで重要な役割を担っている」ことや、大気中への大量の二酸化炭素放出は「温室効果」をもたらし、やがて「南極の氷床融解、海面上昇、海水温上昇、光合成の活発化」が引き起こされることを指摘し、警鐘を鳴らした。報告書の結びでは、「人類はいまや、自身の生息環境である地球を舞台に、途方もない規模の地球物理学実験を繰り広げている。二〇〇〇年までに顕著な気温変化が起こることはほぼ確実であり、これにより気候変動が引き起こされる可能性がある」として、

「われわれの生息環境にきわめて深刻な被害が生じるおそれがあることに疑問の余地はない」と述べられている。言い換えれば、ロビンソンとロビンスは石油業界に、当時の科学界の趨勢を占めていた見解を説明したのだ。驚くにはあたらない。五〇年以上にわたって、こうした知見は完全にメインストリームだったのだから。

しかし、石油業界の反応は、これまでどおり化石燃料の採掘を続けるというものだった。

一〇年後の一九七八年、NASA宇宙研究所の所長だったジェームズ・ハンセン博士が、米国上院エネルギー・天然資源委員会に召喚された。彼は証言のなかで、米国政府と世界に向けて、ロビンソンとロビンスの警告は確かに否定しようのない現実であると述べた。実際の証言によれば、「(現在の)地球温暖化は、温室効果と実際に観測された気温上昇の間に因果関係があることを、十分な確信をもって認定できるレベルに達している……私見では、温室効果はすでに観測され、いままさに気候を変えつつある」。ハンセンが上院議員たちに説明した原因とは、化石燃料の燃焼によって放出される二酸化炭素のことだ。

しかし、石油業界の反応はまたしても、これまでどおり化石燃料の採掘を続けるというものだった。

二〇一四年、エクソンモービルが発表したレポートには、次のような一文があった。「エクソンモービルは気候変動のリスクを深刻にとらえていて、こうしたリスクに対処するための重要な対策をとり続け、またリスクを念頭に置いて当社の施設、操業、投資の管理を実施してまいります[*24]」。この報告書は、エクソンモービルが初めて気候変動が「事実」であり、化石燃料業界には事態を収拾する責任の一端があると認めたものとして、広く報じられた。

しかし、石油業界の反応は……聞くまでもないだろうが、これまでどおり化石燃料の採掘を続けるというものだった。

なぜ科学的証拠は化石燃料業界の人々の心を変えられないのだろう？　なぜロビンソンとロビンスが最初に報告書を提出した一九六八年からいまに至るまで、化石燃料の年間採掘量は増え続けているのだろう？[*25]　これほど重大なものが危険にさらされ、しかも僕たちはそのことをずっと前から知っていたにもかかわらず、なぜ業界はもっと早く動かなかったのだろう？　答えを言ってしまうと、化石燃料業界の意思決定を担うリーダーたちは、目の前に問題を何度も提示されていながら、一度として切迫感をもっていなかったからだ。人々が彼らに目を向けるよう訴えた課題は、はるか先の未来への影響を含むものだった。加えて、直近の利益についていえば、化石燃料業界からいったいどれだけの富が生まれるだろう？　何人のミリオネアやビリオネアが誕生しただろう？　いくつ雇用を創出しただろう？　現在とすぐ先の未来における僕たちの繁栄は、自動車、鉄道、航空機の発展を基盤としていて、どれも石油業界の産物なくしては機能しない。これこそ現代にはびこる予測的近視眼そのものだ。どんなに決定的な証拠があろうと、彼らは目の前の問題（そして直近の利益）だけに焦点を合わせ、それ以外のすべてをただ無視することができる。ロバート・クリスティが原爆を改良しているときにしていたように。もちろん、石油業界はただ無視していただけではなかった。ときに彼らは積極的に事実をうやむやにした。エクソンモービルの元連邦関係担当シニアディレクターのキース・マッコイは二〇二一年七月、インタビューのなかで同社がこうした活動に加担していたことを認めた。「科学的証拠の一部を積極的に否定したか？　ええ、しました。影の集団に加わって、初期の取り組みを抑圧したか？　ええ、それも事実です。でも、違法なことは何もしていません。わたしたちはただ、自分たちの投資と、ステークホルダーの利益のことを考えたまでです」

それでも、僕の目に映るキース・マッコイは、口ひげをいじくる悪役というより、ひとりの予測的近視眼の被害者だ。ほとんどの人と同じように、彼も自分の現在の行動が将来にもたらす結果を、実感を伴って体験する能力をもち合わせていなかった。そんな人はどこにもいない。だから僕たちの社会、経済、政治システムは、この欠落を反映したものになっている。「われわれの政治制度や法体系は、構造的・短期的・直接的な因果関係を伴う（すなわち気候問題とは正反対の）問題に対処するように作られている」[*26]と、二〇二〇年のグローバル・カタストロフィック・リスク・レポートが指摘するとおりだ。差し迫った人類絶滅の危機を予測する数々の報告がありながら、政府や企業の動きがあまりにも鈍い理由も、これで説明できる。僕たちの社会そのものが、予測的近視眼を土台として築かれているのだ。

しかしときおり、遠い未来の可能性を完全に実感しているかのように、政治制度や法体系に変革を迫る活動に全力を尽くす人物が現れる。グレタ・トゥーンベリもそのひとりだ。二〇二〇年一月、ダボスで開催された世界経済フォーラム年次会合で、彼女は自身が始めた気候のための学校ストライキ（skolstrejk för klimatet）のキャンペーンの一環として演説した。彼女の言葉はまるで、陰鬱な未来のシナリオを思い描くたびに、脳がいまここにある恐怖に飲み込まれそうになっているかのようだ。

わたしたち全員に選択肢があります。未来の世代に生きていける環境を保障するために、全面的な転換に舵を切るのか。それとも、現状維持を続けて破滅するのか。わたしたちはいまある社会のほぼすべてを変えなくてはなりません。パニックに陥ってください。わたしが毎日感じている恐怖を感じてください。そして行動してください。危機のまっただなかにいるつもりで行動してください。あなたの家が炎に包まれているつもりで行動してください。それが現実なのですから。[*27]

人類はどうみても、自分の家が炎に包まれているつもりで行動してはいない。気候変動は人為的な二酸化炭素排出が引き起こしている現実の問題であるという認識は広く受け入れられた。世界の国々や指導者たちは排出削減を約束し、地球全体での温室効果ガス削減を目的とするパリ協定などの文書に署名した。それでも、現実には、全世界の二酸化炭素排出量は増える一方だ。このままいくと、二〇一九年を基準とした世界の温室効果ガス排出量は、二〇三〇年までに一六％増加する見込みだ。[*28]これにより、地球の大気中の平均気温は今世紀末までに二・七℃上昇する。これだけ温暖化が進めば、深刻な洪水、農作物の不作、豪雨、熱波、山火事により、地球の大部分が居住不可能になるだろう。[*29]世界でももっとも気候変動の被害に脆弱な人々は、すでに苦境に陥っている。だからこそ、一〇〇年以内に人類が絶滅する可能性が九・五％と推定されているのだ。どんなに状況が最悪でも、予測的近視眼のおかげで、厄災が起こるのを阻止しようとする政治的機運が高まる気配は見られない。そこでグレタは二〇二一年九月、イタリアのミラノで開催された「ユース・フォー・クライメート」サミットで、再び世界の指導者たちを糾弾した。

よりよい復興がどうのこうの。グリーン経済がどうのこうの。二〇五〇年までにネットゼロがどうのこうの。リーダーと呼ばれる人たちは、こんなことばっかり言っています。こうした言葉は聞こえはよくても、いまのところ行動につながっていません。わたしたちの希望や野心は、彼らの空約束にかき消されています。彼らがもう三〇年も語ってきた絵空事が、わたしたちに何をもたらしたでしょう？　まだ状況はひっくり返せます。不可能ではありません。即座に、劇的に、年間排出量を削減する必要があります。でも、いまのような状況が続くかぎりは無理でしょう。わたしたちのリーダーは意図的に行動しないことを選んできました。これはいまの世代と将来世代への裏切りです。[*30]

予測的近視眼の明らかな影響下にあるのは、世界のリーダーも僕たちも同じだ。そこから生まれる認知的不協和から逃れられる人はいない。たとえ人類が全滅するかもしれないほどの重大な危機だとしても。今日生まれたばかりの子どもが自動車事故で命を落とす確率よりも、全人類滅亡によって命を落とす確率のほうが五倍も高いという事実を、ほんの少し立ち止まって考えてみてほしい。人々がどれだけ頻繁に車を運転しているかを思い出して、先の一文を読み返してほしい。正直に告白すると、僕は人類絶滅の危機をまったく実感できない。

毎日娘を学校まで車で送っていたら、九・五％の確率で娘が交通事故に巻き込まれて死ぬ。そう言われたら、僕は間違いなく、できるだけ早くほかの送迎手段に切り替えるはずだ。でも、毎日娘を学校まで車で送っていたら、九・五％の確率で僕の玄孫が生態系崩壊によって命を落とすと言われて、運転をやめるだろうか？　やめるわけがない。将来の子孫を待ち受ける現実を知っていながら、このとおり僕は、何事もないかのようにスバル車を乗り回している。

自分の行動の長期的結果を、短期的意思決定に利用するのと同じ基準を用いて評価する能力は、単純にヒトには備わっていない。でも、グレタは？　なぜ彼女はほとんどの人たちと比べて特別、あるいはそう見えるのだろう？　グレタ自身は、自閉症であるおかげで将来の問題に集中することができ、予測的近視眼の誘惑にからめ取られずにいられると語る。[*31]「わたしはアスペルガー症候群なので、ときどきふつうとはちょっと違うことがあります。そして、状況によっては、人と違うことは特殊能力になるのです」[*32]と、彼女はツイートしている。だが、預言者のようなひと握りの例外を除いて、ヒトという種は自分の意思決定の結果をこんなふうに実感するようにできていない。たいていの人にはグレタのような特殊能力はない。端的に言って、僕たちは予測的近視眼という欠陥を抱えている。

この場を借りて、僕は世紀の変わり目にこの本を読んでくれている（もしかしたら僕の玄孫かもしれない）あなたに、直接言葉を届けたいと思う。世代を代表して、僕はみなさんに謝罪する。僕は一九七〇年代に生まれ、工業化と資本主義が北米を席巻した八〇年代から九〇年代にかけて大人になった。僕たちの行動が地球の健康を害するかもしれないなんて議論は誰もしていなかった。当時もたくさんの科学者たちが「リサイクル」、「酸性雨」、「地球温暖化」といったことを話題にしていたが、一般大衆がようやく気候変動に関心をもち始めたのは、僕たちが奈落への道をすべり落ちつつあることが明白になった、新たなミレニアムの幕開けの頃だった。それから、僕個人の行動についても謝罪したい。僕はあなたに及ぼす影響を熟知していながら、いまもスバル車を運転し続けている。

人類は自分自身の成功の被害者だ。この星の環境を根本から全面的に変える能力をもつ生物種は、僕たち以前には地球史上に一つとして存在しなかった。さあ、そろそろ全部ひっくるめた考察に入ろう。予測的近視眼がもたらす陰鬱な未来が待ち受けるなか、ヒトの知性にどれだけの価値があるのか、結論を出すのだ。

# 第7章● 人類例外主義

## ——僕たちは勝者なのか?

科学はいまこそ、哲学者が将来の課題を解決するための道を開かなければならない。ここでの課題とはすなわち、哲学者は価値の問題を解決し、いくつもの価値の間にヒエラルキーを定めるべきであるというものだ。

——ニーチェ[*1]

エリック・バーシアは、バージニア州スプリングフィールドのレイク・アッコティンク・パークにかかるトレッスル橋の高さを入念に計算した。トレッスル橋の端から、眼下のコンクリートの放水路までは二一メートル。アマチュアのバンジージャンプ愛好家で、祖母によれば「学校の成績はとてもよかった」[*2]というバーシアは、何本かのバンジージャンプコードをテープでつなぎ合わせ、二一メートルより少し短いコードを作った。一九九七年七月一二日早朝、バーシアは手製のコードで自分の足首を縛り、コードの反対側を橋桁に結んで、端から飛び降りた。

まもなく、ジョギング中の通行人が彼の遺体を発見した。バンジーコードは引っ張られると伸びる（バーシアはこの事実を見落としていた）ため、彼はコードの最大長を約一八メートル過小推定する結果になったのだ。

バーシアのまぬけさを笑いたくなる気持ちはわかる。でも、これは愚かさについての逸話ではない。バーシアがコードの長さの計算でミスをしたことは、ヒトがみずからの認知能力によってなしとげた数々の偉業に添えられた、悲しい脚注でしかない。橋桁の上に立ち、このような複雑な計画を練りあげたことは、間違いなくヒトの心の驚くべき力の賜物だ。彼の死は単なる計算ミスの結果にすぎない。飛び抜けて優秀なロケット科学者でさえ、同じようなへまをすることがある。一九九九年、一億二五〇〇万ドルを費やした探査機マーズ・クライメート・オービターが、火星の大気中で炎上したのを覚えているだろうか？　ＮＡＳＡのジェット推進研究所のエンジニアたちは、探査機の軌道計算にメートル法を使っていた。一方、探査機のソフトウェア開発にあたったロッキード・マーティン宇宙航空のエンジニアたちは、ヤード・ポンド法を使っていた。その結果、探査機の軌道進入高度は予定より一七〇キロメートルも低かった。バーシアと同じように、火星探査機は無残な死を迎えた。こうして、ヒトの知性を証明するのにぴったりのはずの逸話は、バッドエンドに終わった。

この本の目的は、バーシアのような逸話からヒトの知性の価値について何がわかるのかを判断することだ。第1章から一貫して、僕は広く知性と呼ばれるような認知能力に注目し、ヒトの心は例外なのか、よいものなのかという問いに答えを出そうとしてきた。あるいは、僕たちは（個人としても生物種としても）ほかの動物のような心をもっていたほうが、うまくやっていけたのだろうか？

悲劇のアマチュアバンジージャンパーについて、さらに掘り下げてみよう。最終的に彼が死に至るまでに、彼の心のなかではいったい何が起こっていたのだろう？　バーシアは明らかに、あらかじめ何日も（ひょっとしたら何週間も）かけてバンジージャンプを計画していた。このことから、彼はほとんどの動物種と違って、橋から飛び降りた結果としてポジティブな感情（楽しさ、恐怖、興奮など）を経験する未来のシナリオのなかに、自分の身を置く想像ができていたとわかる。要するに、彼は典型的なアドレナリンジャンキーだった。計画そのものには、因果関係の深い理解が必要だった。僕たち人類の金字塔と言っていいような、一種の因果推論だ。ほとんどの動物は物体が落下することを知っているが、バーシアは引張荷重、軌道、古典力学といった、より本質的な理解を備えていた。例えば、彼はコードで足首を縛ることにより、地面への激突を回避できると知っていた。それにもちろん、バーシアは高さ二一メートルの橋から飛び降りることが、状況を問わず、本質的に危険で恐ろしい行為であると完全に認識していた。けれども、スリルを求める若者たちが揃って言うように、恐怖を克服することも楽しみのうちなのだ。あたりまえだが、彼はバンジージャンプをしたかったのであって、自殺するつもりはなかった。この本で議論してきたヒトの心の特殊性のすべてが、彼の行動に現れている。

想像してほしい。もしも第3章で出会った石投げチンパンジーのサンティーノが、トレッスル橋でバーシアの隣に立っていたら？　この瞬間のサンティーノとバーシアの思考プロセスの間に、どんな違いが存在するだろう？　チンパンジーは進化的に見て僕たちにもっとも近い親戚なので、サンティーノとバーシアが同じシナリオのなかでそれぞれどう行動するかを比較すれば、人類例外主義や、僕たちとほかの動物の心の違いについて、重要な手がかりが得られそうだ。念のため言っておくと、サンティーノが足首にコードを縛りつけ、エンドルフィンの洪水を求めてトレッスル橋から飛び降りることは、絶対にありえない。

まずは基本から。ヒト以外の動物がスリル希求行動に走ることはあるのだろうか？　多くの種の動物が見せる新奇性希求行動は、スリル希求の近い親戚だ。例えばネコ。YouTubeには危険を伴うシナリオを突き詰めることを愛し、危ない場所（高い樹の上や狭いスペース）に行き着いたネコたちの動画があふれている。だが、単なる新奇性希求ではなく、動物が見せるスリル希求をはっきりと示す事例は、BBC制作の二〇一七年のドキュメンタリー『スパイ・イン・ザ・ワイルド』に登場した、インドのアカゲザルが見せてくれる。[*3] サルたちは屋外の貯水槽の隣にある高さ四・五メートルの柱に登り、狭い水面をめがけて飛び込む。ほんのわずかでも角度を誤れば、地面に激突して重傷を負い、死ぬかもしれない。コンクリートの上に架かる高さ二一メートルの橋から飛び降りることに比べればずっと安全とはいえ、このサルたちが危険な行為に熱中するのは、明らかにリスクを伴う（あるいはリスクがあるからこその）快感を得るためだろう。

それなら、なぜサンティーノはバンジージャンプをしないのか？　飛び込みプールで遊ぶアカゲザルのように、チンパンジーが危険を伴うスリル希求行動に興じる可能性は少なからずある。けれども、バンジージャンプとプールへの飛び込みは、スリルを体験するのに必要な認知能力に関しては同一ではない。サンティーノは、バンジーコードを作るための材料集めに始まる計画を立てなくてはならない。それには何日もの時間と、心的タイムトラベルの認知能力が必要だが、後者はおそらく彼にはないだろう。そのうえ、因果関係の高度な理解も欠かせない。ある物体を弾性素材でほかの物体とつなげて落下させたらどうなるかを把握している必要があるのだ。そして、材料を組み合わせて複雑な道具を作り、何らかの方法で自分と橋に固定しなくてはならない。このような能力は、彼の資質をはるかに超えている。チンパンジーはそこまで「なぜ」に特殊化していない。たとえサンティーノにバンジージャンプの欲求があったとしても、彼には実行できるだけの知性が備わっていないのだ。

けれども、それは彼にとっていいことだ。バーシアのバンジージャンプ計画は、ヒトの複雑な認知能力が道を踏み外した一例だ。彼の死の直接の原因は、愚かさではなく賢さだ。サンティーノは、理屈のうえでは知性で劣る側だが、劣っているからこそより賢い行動を生み出せる。要するに、高い知性はときに、どうしようもなく愚かな行動という結果につながるのだ。

ヒトの知性の落とし穴、あるいは無能さを痛感させられる一例として、ある動物との知恵比べの結末を見てみよう。僕たちが眠っている間に血を吸うトコジラミには、*Cimex lectularius*、*Cimex hemipterus*、*Leptocimex boueti* の三種がいる。[*4] トコジラミはヒトの体温、体臭、呼気に含まれる二酸化炭素に引き寄せられる。[*5] 平べったい体型をした奇妙な昆虫で、この形のおかげで、僕たちがまさかこんなところにと思うような場所に隠れることができる。紙一枚を差し込める隙間さえあれば潜り込めるのだ。彼らはヒトの血液だけを食料にするため、僕たちの寝床の近くに潜む。ベッドに横たわって動かない僕たちは、トコジラミにとって楽な獲物だ。彼らの形態と生態のすべては、ヒトの行動を予測し、もっとも無防備なタイミングを見計らうようにできている。「ヒトがガードを下げるまで、彼らは食事をしに出てきません」と、ジョディ・グリーン博士はＺｏｏｍで僕に説明してくれた。ジョディは都市昆虫学者としてネブラスカ大学リンカーン校で校外教育を担い、専門は僕たちの大敵であるトコジラミ、アタマジラミ、シロアリ、ノミといった昆虫の行動だ。「トコジラミはわたしたちの日課を学習します。あなたが夜勤労働者で、昼間にだけ眠るなら、それに適応します。個人の睡眠スケジュールに合わせるのです。休暇で家を空けても、あなたの帰りを待っています」

トコジラミの隠密行動はじつに徹底している。彼らは成長すると外骨格を脱ぎ、脱皮殻は幽霊のようにその場に放置される。ところが、ヒトが家のなかに殺虫剤を散布すると、トコジラミの幼虫はときに、自分より大きな個体が残した手近な脱皮殻に駆け込み、そのなかに隠れて殺虫剤攻撃をやり過ごす。「防護シールドにするんです」と、ジョディは説明する。

トコジラミの戦略の柱は、誰も確認したり毒をまいたりしようと思わない場所に隠れることだ。ホテルの部屋を思い浮かべよう。毎日すみずみまで清掃され、ベッドリネンも交換される。にもかかわらず、ホテルの部屋はトコジラミの巣窟として悪名高い。なぜなら、一般家庭と同じように、ホテルの部屋には定期清掃で見落とされるポイントがたくさんあるからだ。例えば、たまにしか洗濯されないもの。カーテンや、ベッドフレームを覆うベッドスカートは、トコジラミだらけであることが少なくない。

ホテルの部屋のなかでもっとも巧妙な隠れ場所といえそうなのは、ほとんどの人が手をつけようとしない、ナイトスタンドに置かれた聖書だ。北米のほぼすべてのホテルの部屋には聖書が置かれている。一世紀以上も無料で聖書を配布し続けている、キリスト教福音派の国際ギデオン協会の熱心な活動のおかげだ。聖書の数百のページの隙間に、トコジラミはいとも簡単に潜り込む。彼らが大帝国を築きあげるにはもってこいの潜伏場所だ。あなたがもし、ホテルの部屋にトコジラミが潜んでいないか大捜索をするつもりなら、最初に確認すべきは聖書だとジョディは言う。「聖書のページを繰ってトコジラミを探すのは、確かに不信心ですが……」

トコジラミはこうした狡猾な潜伏戦略を、これまでの章で見てきたような、比較的シンプルな意思決定能力によって生み出す。彼らはエピソード的未来予測や因果推論とは無縁だ。にもかかわらず、彼らのシンプルな頭脳は、僕たちの複雑な頭脳をかくれんぼ対決でたびたび打ち負かしてきた。でも、この話から得られるもっとも重要な教訓はほかにある。トコジラミを見つけて叩き潰すのがこれほどまでに難しいため、人類はみずからが誇るもっとも高度な「なぜ」のスペシャリストとしての能力を駆使して、彼らを殲滅するための解決策を考案することを迫られた。[*6] ジクロロジフェニルトリクロロエタン、通称DDTと呼ばれる化学物質は強力な殺虫剤であり、当初は蚊を殺す目的で、第二次世界大戦中にマラリアなど蚊が媒介する伝染病の拡大を防ぐために広く用いられた。そして、DDTはトコジラミも同じくらい効率よく殺すことができた。大戦後、DDTは北米で商品化され、一般市民が自宅のまわりに好きなだけ散布するようになった。無理もないことだ。二〇世紀初頭には、米国の一般家庭は一つ残らずトコジラミの発生を経験していた。ところがたった一〇年で、人体への悪影響が何一つ知られていないまま、北米で繰り広げられたＤＤＴの大量散布により、トコジラミは大陸からほぼ根絶されるに至った。[*7]あくまでも「ほぼ」だったが。

大粛清を生き延びたトコジラミは、ＤＤＴ耐性を獲得した。そして勝利に酔いしれる人々を尻目に、耐性トコジラミは増殖し始めた。最初はゆっくりと。だが一九九〇年代に入ると、トコジラミの個体数は爆発的に増加した。そして二〇〇〇年代なかばには、米国のすべての州にトコジラミが蔓延した。二〇一八年の報告書によると、米国の害虫駆除業者の九七％が過去一年以内にトコジラミ駆除を請け負っていた。[*8]要するに、いまやＤＤＴ耐性トコジラミはどこにでもいるのだ。それどころか、現代のトコジラミは、ほぼすべての市販殺虫剤への耐性を備えている。つまり結局のところ、僕たちが考えだしたもっとも高度な解決策でさえ、トコジラミのシンプルな頭脳にかなわなかったのだ。そして、この話はまだ終わりではない。予測的近視眼のせいで、ヒトの頭脳が壊滅的敗北を喫するのはここからだ。

やがて、トコジラミとの戦いを制するために大量のＤＤＴを環境中に放出するのは、相当な愚策であることが判明した。ＤＤＴが人類の生存基盤にまで浸透していることに、僕たちはようやく気づき始めたところだ。米国は一九七二年にＤＤＴの使用を禁止したが、現在の米国在住者はひとり残らず（禁止後に生まれた人も含めて）、体内に微量のＤＤＴの蓄積が見られる。[*9]ＤＤＴの半減期は一五〇年であり、[*10]一九四〇年代にトコジラミ駆除の目的で一般家庭の床や壁に散布されたＤＤＴは、完璧な安定状態で僕たちがモップがけしたバケツの水に入り込む。バケツの水を捨てると、排水中のＤＤＴは下水処理場を経由して、あるいは直接河川や海に流れ込み、魚などの水生生物の体内に蓄積される。こうしてＤＤＴ漬けになった魚の一部は人々の食卓に並び、僕たち自身の体内に蓄積されて、死ぬまでそのままだ。微量のDDTは母乳を介して母親から子どもへと受け継がれるため、今日でもDDTの摂取を完全に回避することは不可能だ。さらに悪いことに、DDTにさらされた女性に生じたエピジェネティック変異は子どもや孫へと継承される。この変異は肥満の増加と直接的に結びついており、さらに家系が過去にDDTにさらされた女性において、乳がん発症率の上昇とも関連している。[*11]「ひいおばあちゃんが妊娠中に曝露された物質、例えばDDTが、あなたの肥満傾向を劇的に高めるおそれがあります。しかも、あなた自身は継続的にそうした物質に曝露されていなくても、あなたの孫にまで変異が受け継がれてしまうのです」と、ワシントン州立大学のエピジェネティクス研究者であるマイケル・スキナーは言う。[*12]人類はトコジラミとの戦争に敗北しつつあるだけでなく、彼らとの戦いに投入された高度に知的なテクノロジーが、自分自身と将来世代を毒する結果を招いたのだ。

ヒトの知性を特別視し、特別なのはいいことだと考えることの問題点はここにある。ヒトの認知と動物の認知はそれほど違わないし、ヒトの認知がより複雑だからといって、必ずしもよりよい結果を生み出せるとはかぎらない。バーシアとサンティーノの対決でも、トコジラミとDDTの対決でも、敗れたのはヒトに特有の複雑な思考のほうだった。こうした現象を、僕は「例外主義のパラドックス」と呼んでいる。ヒトの認知能力は確かに例外的だが、だからといってほかの動物よりも生存競争で優位に立てるわけではない、という意味だ。それどころか、このパラドックスを踏まえれば、人類が誇る驚異的に複雑な知性こそが、人類を生物種としての成功から遠ざけているのかもしれない。

## 複雑性なんてクソくらえ

進化について語るとき、「成功」とはいったい何を意味するのだろう？　進化的成功とは、ある生物種がすぐれた生物学的デザインのおかげで、長期間にわたって比較的変化の小さい状態を保つことかもしれない。あるいは、ある生物種が地球上のすみずみまで分布し、膨大な個体数をもつことかもしれない。どちらの定義を採用するにせよ、動物界の「進化的成功」の具体例を集めてみれば、勝つのはいつも（ヒトのような複雑な認知ではなく）シンプルな認知のほうだとわかる。ここでちょっと結腸の話をしよう。ご存知かもしれないが、ヒトの体は内側も外側も細菌だらけだ。実際、あなたの体に棲む細菌の個体数は、あなた自身の細胞の数と同じ、約三八兆とされる。[*13] 細菌細胞はヒト細胞よりはるかに小さいので、僕たちは外見上も実感としてもほぼヒトのつもりでいる。だが、実際には違う。僕たちはせいぜい半人前にすぎないのだ。あなたが排便するたび、数十億個体の細菌が排出される。あなたのウンチの半分は細菌細胞でできている。[*14] あなたが今朝したウンチに含まれる細菌の数は、地球上の全人類の人口よりも多いのだ。いまこの地球上に生きている細菌の個体数は五〇〇穣（一〇の三〇乗の五倍）とされ、これは全宇宙にある星の数よりも多い。[*15] 数だけで見れば、細菌が生命史上もっとも成功した生命体であるのは明らかだ。そして細菌は、どれだけ想像力を働かせたところで、複雑な認知と呼べるようなものを一切備えていない。

だが、こうした個体数基準での進化の絶対王者（細菌などの原核生物）を脇に置いて、いまの姿かたちをもっとも長く保ってきた種に注目するとしても、やはりシンプルな思考は複雑な認知を上回る。大型で脳の大きい脊椎動物だけに限っても結果は変わらない。ワニがいい例だ。クロコダイル、アリゲーター、カイマンなどの祖先が初めて誕生したのは約九五〇〇万年前、白亜紀のまっただなかだった。[*16]つまりワニは、Tレックス、ヴェロキラプトル、トリケラトプスなど、『ジュラシック・パーク』のスターたちが闊歩するかたわらで、川岸で日光浴していたのだ。恐竜を含め、地球上のすべての生物種の四分の三が死に絶えた大量絶滅を、ワニは悠々と生き延びた。

ワニはおそらく、地球史上最大の成功を収めた大型脊椎動物だ。にもかかわらず、ほとんどの爬虫類と同様に、ワニが複雑な認知能力を備えているという話はあまり聞かない。彼らは遊び[*17]や道具使用[*18]といった行動を示すこともあるが、問題解決の天才とは程遠い。エピソード的未来予測、因果推論、心の理論など、ヒトが誇る驚異の認知能力に相当するものは、何ももち合わせていない。これはサンプリングバイアスのせいかもしれない。ワニの認知を専門に研究するラボなんて聞いたことがないし、心理学専攻の学部生がワニをｆＭＲＩに入れるのを許してくれる大学はあまり多くなさそうだ。でも、大事なのはそこではない。ワニは先にあげた高度な認知能力を何ももたないまま、何不自由なく生きてきた。なぜなら、認知科学の観点からいって、ときにはシンプル・イズ・ベストだからだ。

進化がいかに複雑性に無頓着かは、ホヤの退廃ぶりを見ればわかる。ホヤは尾索動物亜門に属する海生動物で、世界に約二一五〇種が知られる。幼生期のホヤはオタマジャクシに似ている。頭と尾があり、内部には遊泳を可能にする小さな脳と脊髄を備えている。しかし成体になると、岩に固着し、みずからの脳と脊髄を吸収して、残りの生涯すべてを岩から動かず海水を濾過して過ごす。ホヤに成功をもたらす最適経路は、あらゆる思考が起こりうる可能性を積極的に排除することであると、自然淘汰は結論づけた。なぜなら、これまでヒトを例に見てきたように、複雑な認知能力は生きていくうえで足枷になりうるからだ。

シンプルな生物（細菌、ホヤ、ワニなど）は何百万年にもわたり、複雑な認知能力をまったく必要としないまま、自然淘汰のゲームに勝利し続けてきた。この事実は、単純な認知能力（例えばトコジラミにもできるような退屈な昔ながらの連合学習）が、的確な行動を生み出すという課題において文句のつけようのない成績を収めてきたことを裏づけている。第1章に登場したイヌのルーシーは、連合学習によって、僕たちが散歩中に見たハンノキの枝の揺れは危険を意味するかもしれないと理解した。ルーシーと僕はどちらも、枝が揺れるのを見て身動きを止めた。僕は「なぜ」のスペシャリストであるおかげで、枝が揺れた理由をより深く理解していたかもしれないが、そのあとルーシーと僕がとった行動はまったく同じだった。自然淘汰は、警戒行動を生み出した状況理解の複雑さなどまったく意に介さない。生存に役立つかどうかだけが問題なのだ。

ヒトの因果推論能力は輝かしいものに思えるし、「なぜ」のスペシャリストであるおかげで僕たちは数々の偉業をなしとげてきたが、因果推論はまだ登場して日が浅い。連合学習に匹敵する堅牢な認知的解決策とみなせるかどうかを判断するには、あと一〇億年は存続してもらわなくてはならない。けれども、予測的近視眼が僕たちを差し迫った（気候変動、核戦争、あるいは生態系崩壊による）絶滅の危機に陥れている現状を考えれば、ヒトという種が次のミレニアムまで生き延びられる可能性は限りなく小さくなっているし、ましてや一〇億年先なんて望むべくもない。獣人を描いたあのスラウェシ島の古代壁画は、僕たち自身の運命を予言するシンボルだ。というのも、道徳性や人生の意味に関する複雑な思考の証拠であるこの壁画そのものが、いまや消滅の危機にあるのだ。四万年の時を乗り越えた洞窟壁画は、人為的気候変動がもたらした干ばつと高温により、急速に崩壊しつつある。[*19]

それならバーシアは、例外主義のパラドックスにおける人類の究極の象徴だ。彼を人類の遺伝子プールから排除したのは、ヒトにしかない例外的に複雑な認知能力だった。僕たちは予測的近視眼の呪いを背負い、みずからを滅ぼすバンジーコードを自分の足首に縛りつけることに没頭している。大局的に見れば、僕たちは細菌やワニよりもずっと早く地球上から消え去る運命だ。陰鬱で救いのない世界観だ。みなさんの期待どおりの結論ではないかもしれない。幸い、ヒトの知性の価値に対する僕の悲観的評価に、誰もが同意するわけではない。

### #勝者

友人のブレンダンはジャーナリストで、誰かの意見をこき下ろしたり、発想に異議を唱えたりすることをいとわない。僕たちはしょっちゅうダイナーで朝食をとり、コーヒーを浴びるように飲んでは、自分の好きなことや抱えている問題についてわめきちらしている。ある朝、僕たちはドラマ『コペンハーゲン』のシーズン一でデンマーク首相ビアギッテ・ニュボーの夫がなぜあんなに思いやりのない人物だったのかについて激論を交わし、そのあと不意に話題が人類の知性へと飛んだ。「知性」のような価値観に歪められた単語は完全に葬り去って、価値判断なしに個々の認知能力をただ記述し収集するべきだと、僕は主張した。認知能力の価値を複雑さではなく、生物学的成功の観点から評価するなら、ヒトはまだ誕生から日が浅すぎて適切に評価できないし、おそらく予測的近視眼のせいで遠からず自然淘汰に排除されるだろう。進化的に有利な行動を生み出せるかどうかで認知能力を評価するなら、ワニのほうが「知的動物」と呼ぶにふさわしい。

「そういう意味では、勝者はワニなんだよ」と、僕は言った。

「いやいや、勝者はヒトだろ」と、ブレンダンは反論する。「おれたちみたいに徹底的に支配を確立した動物なんていないんだから」

「支配って、どういう意味？」と、僕は噛みついた。「地球上にいま生きてる全人類より、お前の肛門に棲んでる細菌のほうが多いんだ。数の勝負でいったら、細菌が圧倒的な支配者だよ」

「細菌は数は多いだろうけど、こんな会話はできないだろ」と、ブレンダンは主張する。「ヒトは自分の人生を省みることができるけど、細菌やワニにはできない。おれたちはただ食料と隠れ家を見つけるよりも、ずっと高度なことをしてるじゃないか。これで勝ってないなんてありえるか？　人類が勝者なのはあたりまえだとずっと思ってたよ。だって、おれたちがやってることを考えてみろよ！」

ブレンダンはそのあと、人類の壮麗なる偉業の例を次々にあげていった。宇宙探査、核分裂、ワクチン、法体系、巨大都市、工業的食料生産、インターネット、音楽、絵画、詩、演劇、文学……。ヒトに生み出せて、ほかの動物には生み出せないもののリストは気が遠くなるほど長い。言語、文化、科学、数学などを駆使する僕たちの能力が、これらすべての源泉だ。でも僕は、そんなのは全部どうでもいい、ただのノイズだと切り捨てた。一〇億年に及ぶ動物の認知能力の歴史のなかでは、人類の偉業など一瞬の閃光でしかない。圧倒的大部分を占める、シンプルな心による支配の叙事詩に添えられた、目を引くささいな脚注にすぎないのだ。

「そんなのデタラメだ」と、ブレンダンは言った。

月面着陸などの人類の偉業には何の価値もないという、僕の主張は本気なのか？　数（いま生きているヒトの個体数はどれだけか？）や存続期間（ヒトという種はいつから存在し、今後いつまで生き残れるか？）といった生物学的成功に価値を置かないとしたら、僕たちの認知能力とそれが生み出す行動の価値を評価するのに、ほかにどんな方法があるだろう？　世界の物理特性を理解し操作する、ヒトの並外れた能力は、本質的によいものなのか？　ブレンダンはそう考えているようだ。彼がとらえようとしている価値の概念は、生物学とは切り離された、知識や真実や美の追求そのものが高貴な目標であるとするものだ。一方、僕は適応度の観点から価値を定義している。僕にとってコペルニクスやエイダ・ラヴレス［訳注：英国の数学者。初期の汎用計算機の改良に貢献し、世界初のコンピュータープログラマーと呼ばれる。一八一五〜五二年］は、人類のすばらしい知的偉業の代名詞ではあっても、ヒトという種が誕生からたった三〇万年で絶滅するなら、たいした意味はない。ブレンダンに言わせれば、ワニが水辺で何億年ゴロゴロしていようが、コペルニクスやラヴレスを生み出して宇宙の秘密を暴き出せないなら無価値だ。

どこかに中庸の道があるはずだ。ブレンダンの哲学的視点と、僕の冷酷な科学至上主義を融合させる、価値判断の方法があると思う。そして、この話は最近の僕の日常を支配している、ニワトリへと回帰する。

## 何をおいても重要なこと

ヒトの知性の価値とは何だろう？　ヒトにできてほかの動物にできないことはいくつもあり、それがブレンダンが誇らしげに列挙した人類の偉業リストを生み出した。その源泉は、僕たちのユニークな認知能力だ。こうした偉業を語るうえで、「よい」とはどういう意味なのか。僕はこの難問と向き合い、「よい」認知能力とは、それをもつ個体および全世界に、即時的および予測可能な将来にわたって、最大限の快感を生み出すような認知能力のことだと結論づけた。この折衷案で「成功」の度合いを測るのがいちばん妥当であると、僕は思う。数（ヒトの総人口）や存続期間（ワニの系統がいつ出現したか）を成功の基準にすべきでないと考える理由は以下のとおりだ。数十億年後、地球は太陽に飲み込まれる。これはまぎれもない事実だ。そうなるまでに、僕たちには想像もできない奇妙な淘汰圧によって、無数の新種の生物が誕生するだろう。ヒトは絶滅し、物をつかめる尾と完全な心の理論、そして宇宙探査への貪欲な関心をもつ、巨大なカラスに取って代わられるかもしれない。例えばの話。でも、だから何だというのか？　やがては太陽が、新種のスーパーカラスも地球上のほかのすべての生命も全滅させるのだから、超長期的に見れば個体数や存続期間には何の意味もない。それなら、生命の価値は、いまこの場所という枠のなかで測るしかない。そして、あなたにとって、それにいまこの瞬間に生きているすべての動物にとって、何よりも重要なのは快感だ。

すべての生命は一瞬の閃き（ひらめ）を生きている。その閃きのなかで、幸運にも脳をもって生まれたなら、クオリアのクッションに乗って日々を漂っていける。クオリアは生命を焚（た）きつけ、動物に行動させ、思考させ、生存させる。僕たちにとって重要なものであり、だから意義がある。価値に関する問いを、支配の概念を離れて、普遍的と思われるものにあてはめて考えてみよう。すなわち、ポジティブなクオリアの追求だ。快感の追求、と言い換えてもいい。すべての動物は快感の最大化と、苦痛の最小化に価値を置いている。これについては、ブレンダンも僕も同意できると思う。

生物学的観点からみれば、快感の最大化という発想は、脳の仕事は動物の生存と繁殖に資する行動を生み出すことであるという前提に立つかぎり、理にかなっている。したがって、脳が快感のクオリアを生み出すのは、動物が目標達成に向かっていることを知らせるためだ。動物行動学者のジョナサン・バルコムは、著書『動物たちの喜びの王国』のなかで、この考えを掘り下げている。

動物界は、呼吸し、知覚し、感情をもつ途方もなく多様な生きものたちであふれている。彼らはただ生きているだけでなく、それぞれの生を送っている。食料と隠れ家を見つけ、繁殖し、よいものを獲得し悪いものを避け、どうにかして暮らしを上向かせようとしている。獲得すべきよいものは多々ある。食料、水、移動、休息、隠れ家、日光、日陰、発見、期待、社会交渉、遊び、セックス。そして、こうしたよいものを獲得することは適応的なので、進化は動物たちにその見返りを経験する能力を授けた。わたしたちと同じように、彼らも快感の探求者なのだ。[*20]

快感のクオリアは進化の原動力だ。快感は、それを経験する脳にとって報酬そのものであり、適応度を増加させる目標追求に動物を駆り立てるという点で、生物学的にも報酬に相当する。倫理的観点からは、この世界に生きる最大多数の意識をもつ存在に、最大限の快感を生み出す行動こそが、最大の価値をもつと論じることができる。ブレンダンがあげた人類の偉業（ワクチンや農業）はまさにこれにあたり、だからこそ彼はこれらに内在的価値があると考えている。

このような快感を中心とした価値概念は、倫理学ではおなじみだ。快感は、ジェレミー・ベンサムとジョン・スチュアート・ミルが二世紀以上前に確立した功利主義哲学の根幹だ。[*21] ベンサムは、快感に基礎を置く功利主義道徳哲学を次のように説明している。

> 自然は人間を、二人の盟主の支配下に置いた。苦痛と快感だ。われわれが何をすべきかを指し示し、われわれが何をするかを定めるのは、彼らだけだ。彼らの玉座の手すりの片方には善悪の基準が、もう片方には原因と結果の連鎖がつなぎ留められている。苦痛と快感は、われわれの行動、発言、思考のすべてを司る。彼らの支配から逃れるための、われわれのいかなる試みも、決して報われることはなく、ただ支配の存在を明示し裏づけるだけである。[*22]

この功利主義とクオリアの生物学的価値を合わせれば、どの動物がブレンダンの言う「#勝者」であるかを判断するシステムのできあがりだ。勝者となる種は、最大量の快感を経験して生を送る動物だ。残念ながら、成功を世界に快感を生み出す能力と再定義したところで、例外主義のパラドックスが人類の足を引っ張ることに変わりはない。

言語を考えてみよう。人類を特別な存在にしている認知能力の一つとして、ブレンダンがあげたものの一つだ。確かに、ヒト以外の動物に言語に相当するものは存在しない。すべての認知能力がそうであるように、言語の構成要素はほかの種のコミュニケーションシステムに見いだすことができる。[*23] プレーリードッグのコールには指示的意味があり、彼らが見ている動物のサイズ、体色、種を表現できる。鳥やクジラの歌に見られる複雑な構造は萌芽的文法と呼んでもいいだろう。[*24] けれども、生成文法システムをもち、意味を有する単語要素を組み合わせて文章を作り出して、頭のなかに浮かぶありとあらゆるアイディアを表現できる動物は、ヒト以外にいない。

最初の疑問は、僕たちは生物種として、言語を使えるおかげで、この地球にともに暮らす言語をもたないほかの動物よりも多くの快感を経験しているのかどうかだ。言語を使って作られる、歌やジョークや物語は、僕の人生において、おそらく日常的に得られる快感の最大の供給源だ。うちのニワトリたちにこの快感は理解できない。でも、だからといって、彼らが僕より不幸だといっていいのだろうか？　難しい質問だ。ニワトリが言語を使えるように進化しなかったのは、ヒトが木の上で休むように進化しなかったことと大差ない。夜に枝に止まって寝られないからといって、僕の人生はわびしいものになっているだろうか？　そんなはずはない。僕の生物学的特徴は、樹上での休息に適していないのだから。一方、僕は言語を学んで使いこなすようにできているので、言語にまったく触れることができずに成長していたら、みじめな人生になっていた可能性は高い。つまり、ニワトリは言語を奪われているわけではなく、そもそもみずからの生に欠けているものとして認識できないのだ。彼らの快感は、地面を引っかき回して幼虫を食べることで得られる。ニワトリが『コペンハーゲン』のエピソードを見て、同じような快感を得ることはありえない。したがって、言語をもたない動物たちが得る快感が、そのせいで目減りしていると考える根拠はない。

一方、人類は言語能力をもっているからこそ、快感の純損失を被っている可能性がある。第2章で見たように、ヒトの他者を欺く能力は言語によって増幅される。嘘をつき、騙し、丸め込み、おだてる能力は、この世界にはびこるすべての悪の一翼を担っている。暴君や指導者はしばしば言語運用能力によってその地位に就く。ヒトラーのスピーチ（そしてニーチェの著作）がドイツでのナチズムの台頭にどれだけ寄与したかを考えてみてほしい。それに、取り立てて弁舌に長けた指導者でなくても、彼らが言葉によって伝える思想は、国民を好戦的愛国主義やジェノサイドに駆り立て、無数の人々に苦痛や死をもたらしうる。言語は、人類の輝かしい偉業（文化、芸術、科学など）の達成を後押しするのと同じくらい、惨禍と破壊をはびこらせることにも貢献してきた。言語も、その土台となる社会認知能力も備えていないおかげで、ニワトリたちは無数の同胞と結託し、世界に血の雨を降らせて、大鶏帝国の栄光を追求したりはしない。ヒトの認知能力のほとんどがそうであるように、言語は苦痛と快感の両方を生み出す諸刃の剣だ。言語がなければ、ヒトという種はもっと幸せだっただろうか？ その可能性はおおいにある。人類が言語をもたない類人猿のままだったら、世界はこれほど死と苦痛を経験しただろうか？おそらくしなかっただろう。動物界全体を見渡したとき、言語がもたらした苦痛は、快感を上回るかもしれない。言語は例外主義のパラドックスの犠牲者だ。ヒトの心の独自性の究極の象徴であり、驚異的な能力ではあるけれども、僕たち自身も含めた地球上の生命に、快感よりも多くの苦痛を生み出すように働いたのだ。

それなら、科学と数学の能力はどうだろう？ 言語と同じように、ヒトの数学能力も、すべての動物の心に深いルーツをたどることができる。ブチハイエナはライバル集団のメンバーがどれだけいるかを数え、闘争を挑むに値するかどうかの意思決定に役立てることができる。[*25] 生まれたばかりのグッピーの稚魚は少なくとも三まで数える能力をもつ。より大きな集団に加わって、数による安全を確保するのに便利な能力だ。[*26] ミツバチは巣から食料源まで飛ぶ間に通過するランドマークの数を数えることができ、例えば途中にある家の数をカウントして、それを頼りにおいしい花蜜のある場所に戻る。[*27] だが、ヒトはこうした数学能力を異次元まで高めた。重力による時空の歪みを説明するアインシュタイン方程式のルーツは、ハイエナやミツバチにも見られる数の処理能力にあるのかもしれない。だが、両者の共通点は、うちにあるシナモンの香りのキャンドルと太陽の共通点ほどしかないだろう。

科学もまた、きわめて高度なレベルに到達している。「なぜ」のスペシャリストであるヒトの因果推論能力の極致だ。科学の方法論により、僕たちは仮説を検証し、因果関係を解明し、病原体理論や量子力学といったパラダイムシフトをもたらす発想を生み出してきた。集約的産業の基盤は科学と数学であり、こうした能力こそが現代社会を生み出した。そのうえ、ヒト以外の動物は、もっとも基本的なものを除いて、科学的思考を一切備えていない。

では、科学と数学は、人類に途方もない量の快感をもたらしただろうか？　答えはおそらくイエスだ。科学と数学は死と破壊（例えば原爆）をもたらしたが、現代医学や食料生産の効率化の原動力でもある。したがって、平均すれば、僕たちは生物種として、科学と数学のおかげで快感の劇的な増加を経験した。そして、この劇的な増加により、僕たちの日常生活は、ほかの種の生活と比べてわずかながら苦痛の少ないものになった。ヒト以外の動物は、食料と隠れ家を見つけ、病気と戦ううえで、平均的な人類よりも苦労しているはずだ。

しかし、繰り返しになるが、原爆を生み出したのも科学と数学だ。そしてスーパーマーケットに山と積まれたバナナをもたらした機械化農業は、大気中に大量の二酸化炭素を放出した。そんなわけで、いいことばかりではない。言語と同じく諸刃の剣なのだ。平均的な人類は、科学技術の発展のおかげで一〇万年前よりもいい暮らしができているだろうが、地球そのもの（そして地球上の全生物）にとっての状況は劇的に悪化した。おおむね人間活動が原因で、現在絶滅の危機にさらされている一〇〇万種の生物にとって、快感は大きく損なわれている。[*28] それに、人類が今世紀末までに絶滅に至るとしたら（そうなる確率は九・五％だ）、これまでの快感の純利益はすべて無に帰す。僕たちの科学的思考と数学能力も、やはり例外主義のパラドックスの見事な実例であり、良くも悪くもとんでもないものなのだ。

## 最終評決

ヒトは平均的に見て、ほかの種よりも多くの快感を生み出し、経験している「勝者」なのだろうか？　結論を出す前に、ここで言う「平均」の概念について、率直に議論する必要がある。僕は平均的な人類ではない。僕は白人中年男性で、僕の居住国は健康・教育・生活水準で世界トップクラスに位置している。僕のライフスタイルは極端なくらい恵まれているのだ。僕はくつろいで輸入されたコーヒーを飲みながら、趣味で飼っているニワトリが庭を走り回るのを眺め、次の食事のことなど少しも心配していない。これがふつうだと思ったら大間違いだ。いまこの瞬間、地球上に暮らす人類の四人にひとりは、中程度ないし深刻な食料不安を経験していて、健康な食生活に必要な食料を得る手段がない、あるいは食料が完全に枯渇している状態だ。[*29] 二一世紀に入って、食料不安を抱える人々の割合は減少しつつあるが、平均的な人類にとって、依然として食べるものがない状態は決して珍しくない。カナダ人の平均寿命は八二・四歳で、世界平均の七二・六歳を約一〇歳も上回る。世界でもっとも平均寿命が短い国である中央アフリカ共和国ではたった五三歳で、その差は三〇歳近い。[*30] 中央アフリカ共和国は、二〇一二年に勃発した内戦にさいなまれ、総人口四六〇万人のうち二五〇万人が人道支援を必要としている。[*31] この国の平均的な国民は、僕とはまったく違った生活を送っているはずだ。同国に一万四〇〇〇人いるとされる少年兵にとって、快感と幸福を味わえる瞬間はほとんどないだろう。すなわち、「平均的」な人類は、僕よりもずっと困難で快感に乏しい生活を送っている。ヒトの知性のパラドックスが原因で、僕たちは快感の最大化（僕の側）と快感の欠乏（中央アフリカ共和国の現状）が著しく二極化した世界を作り出してしまった。朝食をとりながらヒトの経験の価値について話すときには、自分がどれだけ恵まれているかも考慮しなくてはならない。

それでは、最終評決に移ろう。ホモ・サピエンスはほかの種と比べ、平均してより多くの快感を経験しているとは言えない。言語、数学、科学などの能力が僕たちにどれだけの恩恵をもたらしたとしても、僕の（きわめて恵まれた特権的な）生活が、僕のニワトリの生活よりも快感に満ちていることを裏づける証拠は皆無だ。

世界でもっとも幸せな人物でさえ、うちのニワトリを幸福度で上回るとはかぎらない。穏やかな内省の日々を過ごし、ネガティブな思考や情動に由来する不快感を最小化する能力を身につけた、仏僧の暮らしを思い描いてみよう。マチュー・リカールはチベット仏教の僧侶で、世界でもっとも幸せな人物とされている。リカールにとって最高の一日には、彼は快感だけを経験し、ネガティブな思考や感覚を一切経験しないとしよう。このとき、彼の脳はポジティブなクオリアで満たされ、身体的・社会的・情動的ニーズが満たされ、何も心配はいらないと実感している。このような状態は、うちのニワトリが毎日経験しているものとはまったく違うと断言できるだろうか？　うちのニワトリだって、毎日ほとんどネガティブなクオリアを経験していないはずだ。広大な仕切りのなかで（天敵に襲われる心配もなく）餌を探すことができ、食べ物と水は好きなだけ得られる。夜はお気に入りの休息場所である屋根の垂木に止まって過ごし、ニワトリの社会的認知能力の研究によればこの種の典型とされる集団構成（オス一羽にメス一〇羽）で生活している。うちのニワトリは、リカールと同じように、快感を最大化した生活を送っているのだ。彼の脳もうちのニワトリの脳も、快感に浸っていることに変わりはない。つまり、リカールよりも快感に乏しい生活を送っている人（僕やあなたや少年兵、その他すべての人々）はみな、理論上、幸福追求のゲームでうちのニワトリに負けていることになる。

もちろん、うちのニワトリの生活水準はこの種の典型ではない。だが、これもまたヒトの知性の賜物であり、例外主義のパラドックスの悲しい結末だ。ヒトにはニワトリの生活を快感に満ちたものにする能力がある。けれども、僕たちはたいていその能力を、野生に生きる「平均的な」ニワトリよりもはるかにみじめな状態を生み出すことに利用する。僕たちが卵と肉を合理的に生産し、ヒトへの食料供給を最大化する飼育方法を考案した結果、養鶏場のニワトリが置かれた状況は悪夢そのものとなった。現代に生きるニワトリのほとんどは、バタリーケージに閉じ込められ、通常の休息、採食、社会交流の機会を奪われている。種全体で見れば、ニワトリがヒト以上の快感を経験する確率はきわめて低い。だが、皮肉なことに、その原因は人類だ。ヒトの認知能力が、自分の幸福を最大化するのではなく、ニワトリをより不幸にしているせいなのだ。

## ヒトの知性の未来

ヒトの心は例外だ。僕たちはほかのどの種にもない能力を備えている。意図的にほかの心にとっての快感を作り出す能力だ。エピソード的未来予測と心の理論をもつ「なぜ」のスペシャリストとして、僕たちは自分の行動が、相手がヒトであれ動物であれ、他者の心のなかに快感や苦痛を生み出すことを理解している。少年兵やニワトリのバタリーケージが悲惨なものだと知っている。僕たちは、技術的にも認知的にも、すべての人類とヒト以外の動物が経験する快感を最大化するような世界を作り出す能力をもっている。僕たちが望みさえすれば、世界を快感のクオリアで満たすことができるはずだ。これこそが、ヒトの知性の価値を、ほかの動物の知性を超えた高みに引き上げるものだ。快感にあふれる世界を想像できるのは僕たちだけなのだから。もしもヒトの心の価値に、動物の心を上回る点があるとしたら、それは快感の重要性を理解し、快感をできるだけ広く行き渡らせたいと思えることだろう。けれども皮肉なことに、僕たちはそんなふうに行動していない。

僕が『スター・トレック』を愛する理由の一つは、このような技術オタクのユートピアを描き出しているところだ。人類は他者とそこそこ調和を保って生きていて、現代の僕たちが経験している日常的な苦痛から解放されている。『スター・トレック』のような、快感の最大化された世界は幻想なのだろうか？

人類の未来、とくに快感に満たされたユートピアの建設に関しては、二つの考え方がある。片方を率いるのはスティーブン・ピンカーだ。ハーバード大学の心理学者・言語学者であるピンカーは、人類がみずからを改善する見込みはおおいにあるという視点で数々の著作を発表してきた。人類は啓蒙思想（「理性を駆使した人類の改善」[*32]）のおかげで、生存状況の改善に目を見張るような成果をあげてきたと、彼は指摘する。平均寿命は二〇〇年間で二倍に延び、世界の貧困はいまでは史上もっとも低い水準にまで削減された。ピンカーに人類の未来の展望を尋ねると、彼はおおむね楽観的に、「問題は避けられないが、問題は解決可能であり、そこから生じる新たな問題もまた解決可能だ」[*33]と述べる。ユートピアが約束されているわけではないが、彼の考えには『スター・トレック』の響きがあり、絶滅よりも楽観主義が透けて見える。

もう一つの考え方は、哲学者のジョン・グレイに代表される。グレイもまた、自然界における人類の位置づけについて多くの著作をもつ。グレイは、現代技術や医療といった生存状況の喜ばしい改善を啓蒙思想がもたらした事実を認めつつ、これらの強みをもってしても、人類は自滅的な予測的近視眼のサイクルから逃れられそうにないと考えている。著書『わらの犬』のなかで、彼はこう述べた。

知識の増大は事実であり、世界規模の大災害さえなければ、もはや不可避のものだ。政府と社会の改善もまた事実だが、これらは一時的なものにすぎない。失われる可能性があるのではなく、いずれ必ず失われる。歴史は前進でも後退でもなく、獲得と喪失の繰り返しだ。知識の進歩のおかげで、人類は自分たちはほかの動物とは違うという幻想に浸っている。だが、人類の歴史は真逆の教訓を示す。

いや、避けられない喪失のサイクルに終止符を打ち、先進技術によって『スター・トレック』的な美しい未来を創造することはできるはずだ。宙に浮かぶ堅牢な都市、眼下に広がる鬱蒼とした手つかずの熱帯雨林、活気を取り戻した地球。生物多様性が回復し、人類は土地や水の使用を抑えた持続可能な農業で食料を生産し、現代の畜産業が動物たちにもたらしている苦痛は影も形もない。僕の娘はそんな世界を夢見ている。空中都市、森林、生命。

娘がこの話をしてくれたのは、ハリファックスでの気候変動ユースラリーに向かう途中だった。スバル車でトランスカナダ・ハイウェイを走る途中、ノバスコシア州の風景のあちこちにできた、新たな伐採地のまだら模様が目に入った。ハリファックス史上最大規模となったこの集会で、僕たちは無数の人々と一緒に通りを行進し、各国政府は気候変動対策に本腰を入れるべきだと訴えた。帰宅途中、僕たちはコーヒーとドーナツで休憩しつつ、人類がありとあらゆる方法で地球を破壊している現状や、それを変えるために何をすればいいかを話し合った。

化石燃料車、輸入もののコーヒー、森林伐採、気候変動集会。たった一日によくこれだけ矛盾したメッセージを詰め込んだものだ。僕は予測的近視眼に毒されている。人類はみな予測的近視眼に毒されている。

僕は希望を捨ててはいない。人類は迫りくる実存上の脅威に解決策を見つけ出せるはずだ。意思決定の盲点を塞ぎ、気候変動と生態系崩壊の危機を食い止めるための集団行動を促すような法律を制定できると、僕は信じている。僕たちが思い描く『スター・トレック』的ユートピアを現実にできたらと願っている。ただ、そんな希望と幻想の境目がどこにあるのか、僕にはわからない。

## もしニーチェがイッカクだったら

われらが古き友、ニーチェに聞いてみよう。動物の幸福についての彼の持論はこうだった。

牛を想像してみよう。草を食みつつ、あなたのそばを通り過ぎる牛は、昨日や今日が何を意味するかを知らない。移動し、食べ、休息し、消化し、また移動する。朝から晩まで、毎日毎日、いまこの瞬間に縛られて、快と不快だけを感じ、憂鬱に沈むことも退屈することもない。人間にとって、このようなありさまを見るのはつらい。人間である自分は動物よりもすぐれていると思いつつ、かれらの幸福を羨まずにはいられないからだ。[*34]

一つ断っておくと、牛についてのニーチェの考えは間違っていた。牛は「いまこの瞬間に縛られて」はいない。たいていの動物と同じように、すぐ先の将来についてなら、牛は計画を立てられる。それに、牛も憂鬱を経験する。彼らには最小限の死の概念があり、友達や家族を失ったときにはある種の悲しみを感じる。

だが、快感を経験する能力に注目した点で、ニーチェは正しかった。牛の幸福を羨んだことも正しかった。どの牛を選ぶかによるが、一頭の牛が生涯に経験する快感の総量が、みずからの魂を拷問にかけたニーチェのそれを上回ってもおかしくない。欲望を抹消することによる苦痛からの解放の道を探求する仏僧とは反対に、ニーチェは苦痛を人生の意義を見いだすための方法として受け入れた。苦悩は、彼にとって敬うべき師だった。死の叡智、因果推論、認知言語適性といったヒトに特有の認知能力は、ニーチェに何一つ幸福をもたらさなかった。彼は快感を遮断し、苦痛を貪った。はっきり言って、ニーチェはイッカクとして生まれたほうが幸せだった。それに、世界規模で快感を増やし苦痛を減らすことを本気で考えるなら、僕たちみんながイッカクだったほうが、世界はまともだっただろう。人類がある日突然、人類ならではのありとあらゆる破壊的活動をやめたとしたら、動物界がどれだけ幸福に満たされるかを考えてみればわかる。

ヒトの知性は、僕たちが考えるような進化の奇跡ではない。僕たちはみずからのちょっとした成果(月面着陸や巨大都市)を愛している。両親が生まれたばかりの赤ちゃんを愛するように。だが、両親以上に赤ちゃんを愛する人はいない。僕たちが自分の知性を愛するように、地球が僕たちを愛してくれるわけではない。ヒトは確かに例外的だが、必ずしも「よい」存在ではなく、ほかのどの動物よりも多くの死と破壊を、過去と現在にわたりこの星にもたらしてきた。僕たちの数多の知的偉業は、いままさに僕たち自身の絶滅を引き起こそうとしている。進化が使えない形質を淘汰するとき、いつもそうするように。ずば抜けた知性をもちながら、自分自身を破滅させようと躍起になっている、僕たちこそが最大のパラドックスだ。ピンカーが想像する『スター・トレック』的ソリューションを時間切れになる前にひねり出さないかぎり、ヒトの知性はまもなくぷつりと途絶えるだろう。

だから、牛やニワトリやイッカクを見て、彼らにヒトの認知能力が備わっていないことを哀れむよりも、まずはそうした能力にどれだけ価値があるのか考えてほしい。独自の認知能力のおかげで、あなたはあなたのペットより多くの快感を経験しているだろうか？　ヒトの知性のおかげで、世界はよりよい場所になっているだろうか？　こうした問いへの答えに正直に向き合えば、高慢さを抑えるべき理由が見つかるはずだ。僕たちのこれからの選択によっては、ヒトの知性は地球史上、もっともアホらしいものになるかもしれないのだから。

エピローグ●

# 僕がナメクジを助ける理由

晩春、うちの庭はナメクジだらけになる。キラキラした粘液の跡がガレージまでの道を彩り、毎朝数十匹が僕の車の近くに隠れる。タイヤの前から彼らを移動させるナメクジチェックは、いまやすっかり僕の日課の一つだ。ナメクジを無慈悲に轢(ひ)き殺すなんて想像もできない。僕にとって、そんなのは社会病質者(ソシオパス)のやることだ。

こんな習慣は僕の人生にずっとつきものだった。僕が生まれ育った家では、母はすべての動物たちの友達だった。僕が子どもの頃、ドラッグストアの前の歩道でじたばたするコウモリを踏み潰そうとする人だかりに、母が割って入ったことがあった。ノーベル気弱賞があったら受賞間違いなしの母が、人々に向かって大声で「下がって！」と叫んだ。母は段ボール箱を見つけてきて、コウモリをすくいあげ、放してやった。

僕の動物への共感が母から遺伝したのか、それとも母の動物との接し方を見て学習したのかはどっちでもいい。僕もまた、日常生活に支障が出るくらい、身近な生きものに共感せずにはいられない。僕が毎朝のナメクジチェックに固執するせいで、娘が学校に遅刻したのは一度や二度ではない。僕は虫を潰すのも許せないので、クモ嫌いの人や躊躇なくハエを叩く人と気まずい（ときには刺々しい）会話になったことも多々ある。

僕が動物の認知の研究者になったのは、育った環境を考えれば自然なことだった。だが同時に、これまでの年月を通じて学んだ、価値や規範に縛られた結果でもある。僕は動物の（実験ではない）観察研究しかしたことがない。飼育下の動物からデータを集めたこともない。心の奥底のどこかで、動物の飼育に違和感を覚えるのだ。学術的観点から、なぜときに動物の飼育が必要か、そしてときには一部の種にとってよいことであるかを、懇切丁寧に説明することはできる。飼育施設のなかには、傑出した研究成果をあげ、動物福祉と保全に力を入れて、すばらしい仕事をしているところもある。一方、福祉よりも娯楽を優先した、見るに堪えない施設もある。だが、いずれにせよ、どうにも居心地が悪いのだ。共同研究者たちは僕のこうした考えを昔から尊重してくれて、おかげで僕は野生のイルカの研究を続けてこられた。これからもフィールドに何らかの形で貢献できたらと思う。

そんな僕にも例外はある。僕は蚊を殺す。自己防衛の観点から、この暴力は正当化できると思う。そしてここから、僕の信念のなかに紛れ込んだ偽善が明らかになる。僕が筋金入りの功利主義者で、すべての生きものの快感を最大化すべきだと信じているなら、僕は蚊を殺すべきではないし、彼らに進んで血を吸わせるべきだ。蚊に何千、何万回も刺されないかぎり、僕が深刻な身体的問題を抱えることはないだろう。でも、そんな考えはばかげているし、やりたいとも思わない。

人は誰でも、動物をどう扱うべきかについて個人の考えをもっている。だが、僕たちの意見のほとんどは、複雑な倫理的省察を経て行き着いた結論ではない。たいていの人は、それが社会であれ家庭であれ、まわりの文化を介して動物への接し方を身につける。僕たちは検証されない規範に従って生きている。例えば、カナダのほとんどの地域では、ブタを食べるがイヌは食べない。だが、法律でイヌを食べることが禁じられているわけではない。実際、食用目的に特別に飼育したイヌであるかぎりは、ソーセージにしようがスープにしようが自由だ。にもかかわらず、カナダで犬食は定着していない。僕たちはただ、そういう規範に従っているだけだ。

日本で研究していたとき、共同研究者にクジラ肉バーガーを食べてみたいか聞かれたことがある。僕は断った。僕は自分がなぜクジラを食べないか長々と語ったあと、彼に犬肉バーガーを食べてみたいか尋ねてみた。食べたくないと、彼は言った。日本人はイヌをペットとみなし、食用とは考えない。犬食は彼の目には奇異に映った。僕は彼に、日本で犬食が文化的タブーであるのと、北米人の多くがクジラ肉をタブーとみなすのは、まったく同じ現象なのだと説明した。クジラの知性や個体数の状況、残酷な捕殺方法を引き合いに出して議論する必要はなかった。というのも、先住民を除いて、僕のような北米住民のほとんどがクジラを食べないのは、(最近の)文化史のなかでクジラを食べてこなかったからでしかないからだ。文化的タブーが先にあり、倫理的議論は後づけの、いわばナメクジの通り道に残る粘液のようなものだ。

何もかもひどく恣意的だ。僕自身の信念も、理論としては穴だらけだ。第一、僕はベジタリアンではない。ニワトリの世話にこれだけ時間を費やし、彼らの健康と幸福を最大化しようと努力していながら、僕はチキンバーガーを食べる。このニワトリはもうパティになってしまっているから、幸福度を気にするには手遅れな段階だからと言い訳しながら。もちろん、自分で飼っているニワトリは、たとえ死んでしまっても絶対に食べない。お葬式をして、丁重に埋葬するつもりだ。まったくどうかしている。僕とすべての動物との関係を規定する、斉一的で矛盾のない道徳的枠組みは存在しない。僕が従っている複数の信念は、ときに真っ向から対立し、ときに偽善的だ。

そして、論理的一貫性を欠いているのは僕だけではない。米国では、研究用に繁殖されたマウス、ラット、鳥は動物とはみなさないと、動物福祉法に記されている。この例外規定のおかげで、実験動物を扱う研究施設は動物福祉に関するルールを無視できる。[*1] 米国の実験施設で利用される動物のじつに九五

%が、彼らの福祉のためにあるはずの連邦法の適用外なのだ。この抜け穴は、動物の苦痛に関する倫理的議論ではなく、医学と利害関係者にとっての実験動物の価値に関する法的議論に基づいて設けられた。

動物の心の本質に関する事実を直視し、動物がどれだけ苦痛を感じるかを判断しようとすると、科学はまたたく間に倫理的議論の渦中に飲み込まれる。この本の狙いは、動物の心についての興味深い事実をたくさん紹介しながら、みなさんに動物の世界についての新しい考え方に親しんでもらうことだった。でも、もしあなたが、例えば「ナメクジを轢き殺すのは許されるか？」といった問いへの決定的な答えを求めて読み進めていたとしたら、がっかりさせてしまっただろう。動物の心の科学そのものは、あなたの行動の道徳性について、何も語ってくれない。

すべての動物に意識があるという、僕の主張には納得してもらえただろうか。意識とは主観的経験であり、動物の意思決定と行動に役立っている。動物は時間の経過を多少なりとも理解し、（たいていは直近だが、ときには数日先の）将来の計画を立てる。動物は死について何かを知っている。動物はものごとの関連について、おそらくなぜには無関心だが、何がいつ起こるかの情報を収集し、この世界のしくみを学習する。動物は硬直的な本能に従って行動するのではなく、生まれつきの傾向や期待を周囲の環境に合わせて修正し、それを後天的に学習した情報と統合して、行動を生み出す。動物も相手を騙す。動物にも意図や目標がある。動物にも社会行動を律する規範があり、公平とはどういうことを理解し、自分や他者がどう扱われるべきかの期待を抱く。こうしたさまざまな認知能力は、ヒト以外の動物が数百万年にわたって繁栄を続けることに貢献してきた。ヒトがヒトらしくふるまうのに役立つ、追加の認知的トッピング（言語、心の理論、因果推論、死の叡智など）は、比較的新しい機能であり、有用性の最高権威である自然淘汰を前に、まだみずからの価値を証明できていない。

動物の認知能力に関する知見に照らして、毎朝ナメクジを轢かないようにチェックするのは狂気の沙汰だろうか？　この問いの本質は二点に集約され、どちらも僕にとっては重要だ。第一に、ナメクジは世界をどのように経験するのだろう？　第二に、そこから僕たちは、ナメクジをどう扱うべきかについてどんな教訓を得られるだろう？

ナメクジは世界を経験することで、欲求や目標をもち、また快感、苦痛、満足といった意識的感覚を得る。僕がナメクジを助けるのは、これらを奪い去るのが残酷に思えるからだ。数十億年も続いた虚無から、奇跡的に誕生した心に対して、そんなふうに無関心でいるのは悲しい。いまここに存在すること、世界を経験する能力をもっていることは、これ以上ないくらいの奇跡だ。僕は、ナメクジの生命が早すぎる終焉を迎える原因になりたくない。だからできることをする。

この本を読んだみなさんが、動物たちがもつクオリアに満ちた心は配慮に値するという考えを受け入れてくれたら幸いだ。僕たちの心だけが何をおいても絶対的にすぐれているとは言えないし、僕たちが自称する知的優越性は、動物たちの苦痛に無関心でいることの言い訳にはならない。

快感の最大化は、生命の究極の目標なのだろうか？　僕はそう思う。あるいは、愛の総量の最大化と言い換えてもいい。確かに、科学的思考を実践しようとしているときに、愛なんて言葉をもち出すのは危なっかしい。でも、動物の認知に関する本にこの言葉が出てきたからといって、あまり辛辣にならないでほしい。愛とは要するに、ある種の快感を品よく言い換えたものでしかない。愛の生物学的価値は明らかだ。僕はうちのニワトリたちを愛しているし、ニワトリたちもたぶん僕を愛している。そのおかげで僕もニワトリたちも、みんな幸せで健康でいられる。幸せで健康な動物は、いちばん優秀な子どもを作り、それだけが進化の関心事だ。進化の観点から愛が価値をもつのは、僕たちが愛に価値を見いだすからであって、この世界に何かをもたらすからではない。「愛のためになされたものごとはすべて、必ず善悪の彼岸を超越する」[*2]と、ニーチェは述べた。その気持ちなら、僕にもよくわかる。

## 謝辞

本の執筆は往々にして、奇妙なくらい情緒的なプロセスだ。自信喪失、優柔不断、絶望的な気づき、妄想と紙一重のひらめきにあふれている。僕のまわりの人たちは、僕の正気を保ってゴール地点まで導き、淹れたてのコーヒーを持ってきてくれた。この場を借りて、そんな大切な人たちを紹介しよう。

僕の正気を保つのにいちばん力を注いでくれるのは、いままでもこれからもずっと、妻のランケ・デ・フリースだ。いつもコーヒーを淹れてくれるだけでなく、僕が送った草稿すべてにフィードバックをくれる。そのうえ、僕がアイディアを整理しようと椅子に座ってつぶやく独り言にも耳を傾けてくれる。絶対に鬱陶しいはずなのに、いつでも例外なく、文句も言わずに聞いてくれる。これ以上ないくらい、感謝の気持ちでいっぱいだ。娘のミラにもありがとうと伝えたい。彼女は僕の独り言にはあまり付き合ってくれないけれど、毎日僕を笑顔にしてくれる。

エージェントのリサ・ディモナがいなければ、この本がこうして日の目を見ることはありえなかった。誰の人生にもリサが必要だ。彼女は僕の支持者にして相談役であり、彼女と知り合えたことはほんとうに幸運だった。いまでも、新着メールの差出人にリサの名前を見るたび、僕の心は躍る。

そして、プロノイ・サーカーも忘れてはいけない。表紙に僕以外の名前を併記できるなら、間違いなくプロノイを選ぶ。彼は担当編集者というより、この本という赤ちゃんのもうひとりの親だ。この本を全面的に支持し、プロジェクト全体の触媒の役目を果たしてくれただけでなく、本の構成や僕の論理展開に関して、すばらしく的確な助言を与えてくれた。いつでもプロノイを頼れるのは、なんて心強く幸せなことだろう！

Little, Brown のチームのみんなにも感謝している。ファンタ・ディアロ、ブルース・ニコルズ、リンダ・アレンズ、マリア・エスピノサ、ステイシー・シャック、キャサリン・エイキー、ジュリアナ・ホーバシェフスキー、ルーシー・キム、メリッサ・マスリン、それにコピーエディターのスコット・ウィルソン。また、初期稿に目を通し、推薦文を執筆してくれた方々（とくにジョナサン・バルコムとバーバラ・J・キング）は、温かい言葉を贈ってくれただけでなく、いくつかの恥ずかしい間違いを指摘してくれたおかげで、最終稿で修正することができた。ここにお礼を申し上げる。

一部は最終稿には含めることができなかったが、インタビューや会話に応じてくれた、たくさんの専門家のみなさんにも深く感謝している。ジョディ・グリーン、ダン・アハーン、スサナ・モンソ、セルゲイ・ブダエフ、ミカエル・ハラー、マイク・マカスキル、ローレン・スタントン、エヴァン・ウェストラ。また、ニーチェの文章のドイツ語からの翻訳をチェックしてくれたマリールイーズ・トイアーカウフ、ショショーニ語の訳語をチェックしてくれたマリアンナ・ディ・パオロにもお礼を申し上げる。

本文中に登場した何人かの友人たちには、僕が彼らを良くも悪くも有名にするのを許してくれたことに感謝しなくてはいけない。アンドレア・ボイド（と彼女の愛犬のルーシーとクローバー）、モニカ・シューグラフ、マイケル・カーディナル＝オーコイン、ブレンダン・アハーン。また、本のアイディアについてのおしゃべりに応じてくれた、ラッセル・ワイス、クレア・フォーセット、クリスティー・ロモア、ダグ・アル＝マイニを始めとする、アカデミアの友人たちにもありがとうと言いたい。この本の端緒となったアイディアを力強く支えてくれた、ライティンググループのメンバーであるジョン・グレアム＝ポール（そしてドロシー・ランダー！）、ピーター・スミス、アン・ルイーズ・マクドナルドにも特別な感謝を。アンガス・マッコールはライティンググループの友人であるだけでなく、ライターとしての僕のキャリアの師匠であり、彼の長年にわたるアドバイスと激励に心から感謝する。

僕がこれまでの人生で知り合った芸術畑のたくさんの仲間や友人たちは、この数年間、本の執筆という僕の野望を力強く応援してくれた。ありがとう、ローラ・ティーズデイル（即興演劇と音楽における僕のミューズ）、リッチー一家（ジュリア、ピーター、ハリエット）、デイヴ・ローレンス（ポッドキャストにおける僕のミューズであり、この本を最初に通しで読んでくれたうちのひとり）、ジェン・プリッドル（僕の避難所でありチアリーダー）、エリン・コール、マイケル・リンクレッター、スティーヴ・スタマトプロス、アシュリー・シェパード、ナターシャ・マッキノン、ロブ・ハル、アラン・ブリッグス、アヤミ・ウエムラ、ブレンダン・ルーシー、ジェームズ・ブリンク、ジェン・マクドナルド……いま気づいたけれど、感謝すべき人が多すぎる！　大好きな友人たち全員に特大の感謝を贈りたい。

何百時間（何千時間？）ものおふざけに付き合って、たくさんの喜びと笑い、そして本という強敵からの気晴らしをもたらしてくれた、D&Dの友人たちにも感謝している。ジェイク・ハンロン、ポール・タイナン、ヴォイテク・トカーズ、ジョン・ラングドン、サラ・オトゥール、ドノヴァン・パーセル、ロビン・マクドゥーガル、ベン・レイン＝スミス、グレイス・レイン＝スミス。本文にも登場した、おじさんバンドのメンバーにもありがとう。ジュリアン・ランドリー、ライアン・ルークマン、コーリー・ビショップ、エイドリアン・キャメロン。Netflix サポートグループのドナ・トレビンスキー、マイケル・スピアリン、スーザン・ホークス、コーリー・ラシュトンにも感謝を。StFX［聖フランシスコ・ザビエル大学」のたくさんの同僚と友人たちにもお礼を申し上げる。なかでも、ドルフィン・コミュニケーション・プロジェクトでの長年の友人にしてパートナーである、キャスリーン・ドジンスキー、ケリー・メリロ゠スウィーティング、ジョン・アンダーソンには心からの特別な感謝を捧げる。ほんとうにすばらしい共同研究者たちで、僕の業績のほとんどは、彼らと一緒に仕事ができたおかげだ。

カナダでの冒険に加わってくれた、マイク・ファン・デン・ベルフとマルセル・ファン・デン・ベルフ、それにタイメン、ペパイン、マデリーフにもありがとう！　ニューイングランドとオランダの僕の家族と、これまで楽しい時間を一緒に過ごしてくれた地球上のたくさんの友人たちにも感謝を伝えたい。

そして、僕が人生で出会ったすべての動物たちにも、ここで特別な感謝を捧げたい。野生か家畜かを問わず、これまでにたくさんの動物たちと知り合い、つながりを築いていなかったら、この本は決して誕生しなかった。毎朝テラスで僕にあいさつしてくれるカラスたちや、本文にも登場したオスカー、いつも楽しませてくれるニワトリたち（エコー、ドクター・ベッキー、ゴースト、スペクター、トパーズ、シャドウ、ミスト、コーヒー、ブラウニー、マフィン、モカ、ソング、ドラゴン）。それにもちろん、僕の人生で最初の動物の友達であるティガー。

みんなありがとう、次の本をお楽しみに！

## 訳者あとがき

本書は Justin Gregg "If Nietzsche Were a Narwhal: What Animal Intelligence Reveals About Human Stupidity" (Little, Brown, 2022) の全訳です。

著者のジャスティン・グレッグは、カナダ・ノバスコシア州にある聖フランシスコ・ザビエル大学の非常勤講師、また米フロリダ州のドルフィン・コミュニケーション・プロジェクトの上席研究員を務める動物行動学者。とくにイルカの社会行動のフィールド研究で豊富な経験をもち、本文に登場する「エコーロケーションの盗み聞き」は、じつは著者が日本の御蔵島のハンドウイルカを対象におこなった博士研究の成果です。またサイエンスライターとしても、動物の行動や認知に関する記事を BBC Earth、New Scientist、Scientific American、The Wall Street Journal などのメディアに多数寄稿しています。ほかの著書に "Are Dolphins Really Smart?: The Mammal Behind the Myth" (Oxford University Press, 2013)、"22 Fantastical Facts About Dolphins" (Outside the Lines Press, 2015) があり、本書が初の邦訳となります。

近年、ヒトと動物の知性を対比して論じるポピュラーサイエンス本として、フランス・ドゥ・ヴァール『動物の賢さがわかるほど人間は賢いのか』(紀伊國屋書店、二〇一七年) やトーマス・ズデンドルフ『現実を生きるサル　空想を語るヒト』(白揚社、二〇一四年) など、すぐれた作品が多数刊行されてきました。こうした著作では、大雑把にいって、さまざまな分類群の動物を対象とした比較認知科学や行動生態学の知見を援用し、従来ヒトに固有とされてきた認知能力 (言語、道徳、数の処理など) の多くはヒト以外の動物にもその萌芽がみられることを示したうえで、あとは著者の着眼点次第で、連続性に力点を置いて動物の生の価値に対する偏見を改めることを促したり、あるいはそれでもヒトだけが文明や科学技術を生み出したことを重視して、新たなルビコン川のありかを探したりといった論旨が一般的です。そんななか、グレッグはヒトと動物の認知能力の複雑さに少なくとも量的な違いが歴然と存在することを認めつつ、そのせいでわたしたちが抱えることになった非効率性や脆弱性、そして実際に個人や集団が歴史上経験してきた苦痛を引き合いに、「こんなことになるくらいならシンプルなままでよかった」というトリッキーな主張を、清々しいほど一貫して展開します。深遠すぎる思考によって「みずからの魂を拷問にかけ」、精神を病み悲惨な生涯を送った偉大な哲学者ニーチェは、著者が考える誰も幸せにしないヒトの知性の象徴なのです。

それにしても、なぜイッカク？　本書を手に取った読者のみなさんの第一印象もこうだったのではないでしょうか。読み進めていくと、著者はイルカ研究者だからといって、イッカクや広くハクジラ類を、動物界でも群を抜くヒトよりも高度な知性の持ち主と考えているわけではないことがわかります。本書におけるイッカクは、シンプルであるがゆえに効率的で、破滅的な害をもたらすリスクのない知性をもつ、ヒト以外の動物すべての代表です。本文中では著者の「お気に入りの海生哺乳類」という以外の理由は明かされませんが、英名のNarwhalだと頭文字がニーチェ（Nietzsche）と同じNになり韻を踏めることや、イッカクとニーチェが「角」を交える（イッカクの「角」は実際には前方に突出した牙なのですが、それはともかく）原書のカバーイラストの抜群のインパクトは、もちろん狙ってのものでしょう。また英語圏でのイッカクのイメージには、「海のユニコーン」の異名に引っ張られてか、神秘性と同時にどこかコミカルさが漂うらしい（YouTubeにアップロードされた妙に中毒性のあるチープなアニメMVが六〇〇〇万回以上も再生され、俗語辞典のUrban Dictionaryでは「ユニコーンとクジラのワンナイトスタンドで生まれた」と説明されています）ことも関係しているのではないかと、個人的には想像しています。いずれにせよ、著者のキャッチーなセンスが凝縮された秀逸なタイトルであることは間違いないでしょう。

各章には、わたしたちの知性がその複雑さゆえに間の抜けた、あるいは悲惨な結果を引き起こした古今東西のエピソードが随所に挿入され、ストーリーテリングの巧みさが光ります。一方で、少し立ち止まって、こうした逸話はほんとうにヒトの典型なのだろうかと首をかしげた方もいるかもしれません。第7章のエリック・バーシアはその最たる例で、彼と違って計算ミスをせず、目的通りにスリルを楽しんだその他大勢のバンジージャンパーに目を向けないのは、人類に対する過小評価にも思えます。スティーブン・ピンカーは『暴力の人類史』（青土社、二〇一五年）で、先史時代以降、人類による人類に対する暴力の犠牲者が一貫して減り続けていると論じました。その先史時代の人類でさえ、同種殺しの頻度は霊長類の平均をやや下回る程度で、愛らしいミーアキャットやカリフォルニアジリスよりもはるかに低いという研究もあります。全体の傾向をみればヒトはそこそこうまくやっているじゃないか、と指摘したら、グレッグはどう答えるでしょう？　想像ですが、ささいな意思決定が時間的・空間的に途方もない規模の影響をもたらしうる現代社会においては、一握りの人々の「やらかし」の破滅的な結果を懸念するのはまったくもって妥当だと、彼は考えているのかもしれません。二〇一六年、パキスタンの国防相がフェイクニュースを事実と信じ、Twitterでイスラエルに対して核による報復攻撃を示唆する投稿をしたことが波紋を呼びました。それから七年、現在のわたしたちは、被害妄想に等しい歪んだ現実認識に基づいて侵略戦争を起こした独裁者に、まだ核ボタンを押さないだけの理性が残っていることを願いながら、変わらず日常生活を送っています。天文物理学者のアダム・フランクは、地球外知的生命体が生み出す高度な文明は必然的に資源の枯渇を引き起こし短命に終わると主張しますが、グレッグなら、その前に一部の個体のどうしようもなく愚かな意思決定によって滅亡する確率もけっして無視できないと補足しそうです。とはいえ、彼はけっして、人類の未来に対する悲観論の巻き返しをはかっているわけではありません。ヒトの本質的な認知構造を再構築し、長所と短所を切り離すことができないなかで、どうすれば破滅を回避できるか。たとえ完全な論理的一貫性を保つことは困難でも、人類よりもはるかに長きにわたって進化的にスマートな問題解決をおこなってきたほかの生物の心に、どのように相応の配慮をすべきか。現代のわたしたちが折に触れて向き合うべきこうした答えのない問いが、みなさんの心のなかに小骨のように引っかかれば、本書のミッションは達成といえるでしょう。

翻訳にあたり、本文中の引用箇所については、既訳のある文献も含めすべて私訳とさせていただきました。柏書房編集部の二宮恵一さんには、企画の段階から事実確認や細部の表現に至るまで、大変お世話になりました。この場を借りて深くお礼申し上げます。

二〇二三年五月

的場　知之

encode labels about predator colors. *Animal Cognition*, 12 (3), 435–439.
24. Zuberbühler, K. (2020). Syntax and compositionality in animal communication. *Philosophical Transactions of the Royal Society B*, 375 (1789), 20190062.
25. Benson-Amram, S., Gilfillan, G., & McComb, K. (2018). Numerical assessment in the wild: Insights from social carnivores. *Philosophical Transactions of the Royal Society B: Biological Sciences*, 373 (1740), 20160508.
26. Bisazza, A., Piffer, L., Serena, G., & Agrillo, C. (2010). Ontogeny of numerical abilities in fish. *PLoS One*, 5 (11), e15516.
27. Chittka, L., & Geiger, K. (1995). Can honey bees count landmarks? *Animal Behaviour*, 49 (1), 159–164.
28. UN Report: Nature's dangerous decline "unprecedented"; Species extinction rates "accelerating." (2019, May 6). United Nations. un.org/sustainabledevelopment/blog/2019/05/nature-decline-unprecedented-report/
29. Roser, M., & Ritchie, H. (2013). Hunger and undernourishment. ourworldindata.org/hunger-and-undernourishment
30. Roser, M., Ortiz-Ospina, E., & Ritchie, H. (2013). Life expectancy. ourworldindata.org/life-expectancy
31. World report 2019: Rights trends in Central African Republic. (2019). Human Rights Watch. hrw.org/world-report/2019/country-chapters/central-african-republic
32. Weintraub, K. (2018). Steven Pinker thinks the future is looking bright. *The New York Times*. nytimes.com/2018/11/19/science/steven-pinker-future-science.html
33. Pinker, S. (2019). Steven Pinker: what can we expect from the 2020s? *Financial Times*. ft.com/content/e448f4ae-224e-11ea-92da-f0c92e957a96
34. Nicholsen, S. W. (1997). *Untimely meditations*. Trans. R. J. Hollingdale.

エピローグ

1. Frasch, P. D. (2017). Gaps in US animal welfare law for laboratory animals: Perspectives from an animal law attorney. *ILAR Journal*, 57 (3), 285–292.
2. Nietzsche, F. W. (1894). *Jenseits von Gut und Böse: Vorspiel einer Philosophie der Zukunft* (Vol. 1). Naumann.『善悪の彼岸』中山元（訳）、光文社、2009 年ほか。以下の一節を翻訳："Was aus Liebe gethan wird, geschieht immer jenseits von Gut und Böse."

*bed bugs*. John Wiley & Sons.
7. Longnecker, M. P., Rogan, W. J., & Lucier, G. (1997). The human health effects of DDT (dichlorodiphenyltrichloroethane) and PCBS (polychlorinated biphenyls) and an overview of organochlorines in public health. *Annual Review of Public Health*, 18 (1), 211–244.
8. Pest control professionals see summer spike in bed bug calls. (n.d.). pestworld.org/news- hub/press-releases/pest- control-professionals-see-summer-spike-in-bed-bug-calls/
9. DDT no longer used in North America. (n.d.). Commission for Environmental Cooperation of North America. cec.org/islandora/en/item/1968-ddt-no-longer-used-in-north-america-en.pdf
10. DDT (Technical Fact Sheet, 2000). National Pesticide Information Centre. npic.orst.edu/factsheets/archive/ddttech.pdf
11. Cirillo, P. M., La Merrill, M. A., Krigbaum, N. Y., & Cohn, B. A. (2021). Grandmaternal perinatal serum DDT in relation to granddaughter early menarche and adult obesity: Three generations in the child health and development studies cohort. *Cancer Epidemiology and Prevention Biomarkers*, 30 (8), 1430–1488.
12. Researchers link DDT, obesity. (2013, October 22) *ScienceDaily*. Washington State University. sciencedaily.com/releases/2013/10/131022205119.htm
13. Sender, R., Fuchs, S., & Milo, R. (2016). Revised estimates for the number of human and bacteria cells in the body. *PLoS biology*, 14 (8), e1002533.
14. これはあくまでもっとも妥当と思われる推定値だ：Stephen, A. M., & Cummings, J. H. (1980). The microbial contribution to human faecal mass. *Journal of Medical Microbiology*, 13 (1), 45–56.
15. Planet bacteria (1998, August 26). BBC. news.bbc.co.uk/2/hi/science/nature/158203.stm
16. Brochu, C. A. (2003). Phylogenetic approaches toward crocodylian history. *Annual Review of Earth and Planetary Sciences*, 31 (1), 357–397.
17. Dinets, V. (2015). Play behavior in crocodilians. *Animal Behavior and Cognition*, 2 (1), 49–55.
18. Dinets, V., Brueggen, J. C., & Brueggen, J. D. (2015). Crocodilians use tools for hunting. *Ethology Ecology & Evolution*, 27 (1), 74–78.
19. Huntley, J., et al. (2021). The effects of climate change on the Pleistocene rock art of Sulawesi. *Scientific Reports* 11, 9833.
20. Balcombe, J. (2006). *Pleasurable kingdom: Animals and the nature of feeling good*. St. Martin's Press.『動物たちの喜びの王国』土屋晶子（訳）、インターシフト、2007年。
21. Balcombe, J. (2009). Animal pleasure and its moral significance. *Applied Animal Behaviour Science*, 118 (3-4), 208–216.
22. Bentham, J. (1970). *An introduction to the principles of morals and legislation* (1789). J. H. Burns & H. L. A. Hart (eds.).『道徳および立法の諸原理序説』中山元（訳）、筑摩書房、2022年ほか。
23. Slobodchikoff, C. N., Paseka, A., & Verdolin, J. L. (2009). Prairie dog alarm calls

なったためではない。
26. Global catastrophic risks 2020 (2020). A report of the Global Challenges Foundation/Global Priorities Project.
27. Thunberg, G. (2019, January 25). "Our house is on fire": Greta Thunberg, 16, urges leaders to act on climate. *The Guardian*. theguardian.com/environment/2019/jan/25/our-house-is-on-fire-greta-thunberg16-urges-leaders-to-act-on-climate
28. unfccc.int/news/full-ndc-synthesis-report-some-progress-but-still-a-big-concern
29. Milman, O., Witherspoon, A., Liu, R., & Chang, A. (2021, October 14). The climate disaster is here. *The Guardian*. theguardian.com/environment/ng-interactive/2021/oct/14/climate-change-happening-now-stats-graphs-maps-cop26
30. 以下の引用より：Carrington, D. (2021, September 28) "Blah, blah, blah": Greta Thunberg lambasts leaders over climate crisis. *The Guardian*. theguardian.com/environment/2021/sep/28/blah-greta-thunberg-leaders-climate-crisis-co2-emissions
31. Rourke, A. (2019, September 2). Greta Thunberg responds to Asperger's critics: "It's a superpower." *The Guardian*. theguardian.com/environment/2019/sep/02/greta-thunberg-responds-to-aspergers-critics-its-a-superpower
32. Thunberg, G. (2019, August 31). "When haters go after your looks and differences, it means they have nowhere left to go. And then you know you're winning! I have Aspergers and that means I'm sometimes a bit different from the norm. And — given the right circumstances- being different is a superpower." #aspiepower. Twitter. twitter.com/GretaThunberg/status/1167916177927991296?

## 第7章

1. Nietzsche, F. W. (1892) Zur Genealogie der Moral. C. G. Naumann. Leipzig, Germany, 38.『道徳の系譜学』中山元（訳）、光文社、2009年ほか。以下の一節を翻訳："Alle Wissenschaften haben nunmehr der Zukunfts-Aufgabedes Philosophen vorzuarbeiten: diese Aufgabe dahin verstanden, dass der Philosoph das Problem vom Werthe zu lösen hat, dass er die Rangordnung der Werthe zu bestimmen hat."
2. Allen, M. (1997, July 13). Reston man, 22, dies after using bungee cords to jump off trestle. *The Washington Post*. washingtonpost.com/archive/local/1997/07/13/reston-man-22-dies-after-using-bungee-cords-to-jump-off-trestle/f9a074b2-837d-4008-a0a7-687933268f62/
3. Downer, J. (Writer) Downer, J. (Director). (2017). "Mischief" (Season 1, Episode 4) *Spy in the Wild*. BBC Worldwide
4. Roth, S., et al. (2019). Bedbugs evolved before their bat hosts and did not co-speciate with ancient humans. *Current Biology*, 29 (11), 1847–1853.
5. Hentley, W. T., et al. (2017). Bed bug aggregation on dirty laundry: A mechanism for passive dispersal. *Scientific Reports*, 7 (1), 11668.
6. 北米におけるトコジラミの歴史については以下を参照：Doggett, S. L., Miller, D. M., & Lee, C. Y. (Eds.). (2018). *Advances in the biology and management of modern*

grasses in the United States. *Environmental Management*, 36 (3):426–438.
Christensen, A., Westerholm, R., & Almén, J. (2001). Measurement of regulated and unregulated exhaust emissions from a lawn mower with and without an oxidizing catalyst: A comparison of two different fuels. *Environmental Science and Technology*, 35 (11), 2166–2170.

11. 以下の 2011 年のデータ：epa.gov/sites/production/files/2015-09/documents/banks.pdf
12. Kahneman, D. (2011). Thinking, fast and slow. Macmillan.『ファスト＆スロー』村井章子（訳)、早川書房、2012 年。
13. Ariely, D. (2008, May 5). 3 main lessons of psychology. danariely.com/2008/05/05/3-main-lessons-of-psychology/
14. Johnson, E. J., & Goldstein, D. (2003). Do defaults save lives?. *Science*, 302 (5649), 1338–1339. DOI: 10.1126/science.1091721
15. Ariely, D. (2017, March 10). When are our decisions made for us? NPR. npr.org/transcripts/519270280
16. Gangestad, S. W., Thornhill, R., & Garver-Apgar, C. E. (2005). Women's sexual interests across the ovulatory cycle depend on primary partner developmental instability. *Proceedings of the Royal Society B: Biological Sciences*, 272 (1576), 2023–2027.
17. Eberhardt, J. L., Goff, P. A., Purdie, V. J., & Davies, P. G. (2004). Seeing Black: Race, crime, and visual processing. *Journal of Personality and Social Psychology*, 87 (6), 876–893. doi.org/10.1037/0022-3514.87.6.876
18. Iyengar, S. S., & Lepper, M. R. (2000). When choice is demotivating: Can one desire too much of a good thing? *Journal of Personality and Social Psychology*, 79 (6), 995.
19. Wasserman, E. (2020, August 4). Surviving COVID-19 may mean following a few simple rules. Here's why that's difficult for some. NBC News. nbcnews.com/think/opinion/surviving-covid-19-means-following-few-simple-rules-here-s-ncna1235802
20. Cotton-Barratt, O., et al. (2016). Global catastrophic risks. A report of the Global Challenges Foundation/Global Priorities Project.
21. Global Risks. (n.d.). Global Challenges Foundation. globalchallenges.org/global-risks/
22. globalzero.org/updates/scientists-and-the-bomb-the-destroyer-of-worlds/
23. Robinson, E., & Robbins, R. C. Sources, abundance, and fate of gaseous atmospheric pollutants. Final report and supplement. United States.
24. この報告書のコピーは以下の名前でオンラインで入手できる："Energy and Carbon — Managing the Risks." さらに詳しくは以下を参照：Clark, M. (2014, April 1). ExxonMobil acknowledges climate change risk to business for first time. International Business Times.ibtimes.com/exxon-mobil-acknowledges-climate-change-risk-business-first-time-1565836
25. データは以下で入手できる：Ritchie, H., & Roser, M. (2020). Energy. ourworldindata.org/energy　採掘量がときおり下落しているのは、石油供給と価格変動を反映したものであり、石油業界が気候変動対策として採掘の抑制をおこペース』苧阪直行（監訳）、協同出版、2004 年。
19. Langer, S. K. (1988). *Mind: An essay on human feeling (abridged edition)*. Baltimore, MD: Johns Hopkins University Press.
20. Panksepp, J. (2004). *Affective neuroscience: The foundations of human and animal emotions*. Oxford University Press.
21. Davis, K. L., & Montag, C. (2019). Selected principles of Pankseppian affective neuroscience. *Frontiers in Neuroscience*, 12, 1025.
22. 感情と情動の違いに関する議論は以下を参照：De Waal, F. (2019). Mama's last hug: Animal emotions and what they tell us about ourselves. W. W. Norton & Company.『ママ、最後の抱擁――わたしたちに動物の情動がわかるのか』柴田裕之（訳）、紀伊國屋書店、2020 年。
23. foodplot. (2011, March 8). Denver official guilty dog video. https://www.youtube.com/watch?v=B8ISzf2pryI
24. これはかなり大雑把にだが哲学者デイヴィッド・デグラツィアの議論をもとにしている。DeGrazia, D. (2009). Self-awareness in animals. In Lutz, R. W. (Ed.). *The Philosophy of Animal Minds*. Cambridge, England: Cambridge University Press, 201–217.

## 第 6 章

1. Nietzsche, F. W. (1894). Menschliches, allzumenschliches: ein Buch für freie Geister (Vol. 1). C. G. Naumann.『ニーチェ全集〈5〉人間的、あまりに人間的 1』池尾健一（訳）、筑摩書房、1994 年ほか。以下の一節を翻訳："Die Presse, die Maschine, die Eisenbahn, der Telegraph sind Prämissen, deren tausendjährige Konklusion noch niemand zu ziehen gewagt hat."
2. A Capable Sheriff. (nd). capabilitybrown.org/news/capable-sheriff/
3. Milesi, C., et al. (2005). A strategy for mapping and modeling the ecological effects of US lawns. *J. Turfgrass Manage*, 1 (1), 83–97.
4. Ingraham, C. (2015, August 4). Lawns are a soul-crushing time-suck and most of us would be better off without them. *Washington Post*. washingtonpost.com/news/wonk/wp/2015/08/04/lawns-are-a-soul-crushing-timesuck- and-most-of-us-would-be-better-off-without-them/
5. Brown, N. P. (2011, March). When grass isn't greener. *Harvard Magazine*. harvardmagazine.com/2011/03/when-grass-isnt-greener
6. Martin, S. J., Funch, R. R., Hanson, P. R., & Yoo, E. H. (2018). A vast 4,000-year-old spatial pattern of termite mounds. *Current Biology*, 28 (22), R1292–R1293.
7. Santos, J. C., et al. (2011). Caatinga: the scientific negligence experienced by a dry tropical forest. *Tropical Conservation Science*, 4 (3), 276–286.
8. Kenton, W., (2021) Conspicuous consumption. Investopedia. investopedia.com/terms/c/conspicuous-consumption.asp
9. Reduce Your Outdoor Water Use. (2013). The U.S. Environmental Protection Agency. 19january2017snapshot.epa.gov/www3/watersense/docs/factsheet_outdoor_water_use_508.pdf
10. Miles, C., et al. (2005). Mapping and modeling the biogeochemical cycling of turf

## 第5章


1. Nietzsche, F. W. (1977). *Nachgelassene Fragmente: Juli 1882 bis Winter 1883-1884.* Walter de Gruyter. 以下の一節を翻訳："Was kümmert mich das Schnurren dessen, der nicht lieben kann, gleich der Katze."
2. Nagel, T. (1974). What is it like to be a bat? *Philosophical Review*, 83, 435–450.
3. Dennett, D. C. (1988). Quining Qualia. In: Marcel, A., & Bisiach, E. (eds.) *Consciousness in Modern Science*, Oxford University Press.
4. van Giesen, L., Kilian, P. B., Allard, C. A., & Bellono, N. W. (2020). Molecular basis of chemotactile sensation in octopus. *Cell*, 183 (3), 594–604.
5. The Cambridge Declaration on Consciousness (Archive). (2012, July 7). Written by Low, P., and edited by Panksepp, J., Reiss, D., Edelman, D., Van Swinderen, B., Low, P., and Koch, C. University of Cambridge.
6. Siegel, R. K., & Brodie, M. (1984). Alcohol self-administration by elephants. *Bulletin of the Psychonomic Society*, 22 (1), 49–52.
7. Bastos, A. P., et al. (2021). Self-care tooling innovation in a disabled kea (*Nestor notabilis*). *Scientific Reports*, 11 (1), 1–8.
8. Corlett, E. (2021, September 10). "He has adapted": Bruce the disabled New Zealand parrot uses tools for preening. *The Guardian*. theguardian.com/environment/2021/sep/10/the-disabled-new-zealand-parrot-kea-using-tools-for-preening-aoe
9. Edelman, D. B., & Seth, A. K. (2009). Animal consciousness: a synthetic approach. *Trends in Neurosciences*, 32 (9), 476–484.
10. Chittka, L., & Wilson, C. (2019). Expanding consciousness. *American Scientist*, 107, 364–369.
11. Queen Mary, University of London. (2009, November 18). Bigger not necessarily better, when it comes to brains. ScienceDaily. sciencedaily.com/releases/2009/11/091117124009.htm
12. Barron, A. B., & Klein, C. (2016). What insects can tell us about the origins of consciousness. *Proceedings of the National Academy of Sciences*, 113 (18), 4900–4908.
13. Loukola, O. J., Perry, C. J., Coscos, L., & Chittka, L. (2017). Bumblebees show cognitive flexibility by improving on an observed complex behavior. *Science*, 355 (6327), 833–836.
14. Chittka, L. (2017). Bee cognition. *Current Biology*, 27 (19), R1049–R1053.
15. Shohat-Ophir, et al. (2012). Sexual deprivation increases ethanol intake in *Drosophila*. *Science*, 335 (6074), 1351–1355.
16. Chittka, L., & Wilson, C. (2019). Expanding consciousness. *American Scientist*, 107, 364–369.
17. Barron, A. B., & Klein, C. (2016). What insects can tell us about the origins of consciousness. *Proceedings of the National Academy of Sciences*, 113 (18), 4900–4908.
18. この心の即興演劇モデルは、おおまかにはバーナード・バースが提唱したグローバルワークスペース理論に基づいている。以下を参照：『脳と意識のワークス

*Commission of Canada. Canada*: McGill-Queen's University Press.
14. Truth and Reconciliation Commission of Canada. (2015). Honouring the truth, reconciling for the future: Summary of the final report of the Truth and Reconciliation Commission of Canada. Canada: McGill-Queen's University Press.
15. Graham, E. (1997). *The mush hole: Life at two Indian residential schools*. Heffle Pub.
16. cbc.ca/news/canada/toronto/mississauga-pastor-catholic-church-residential-schools-1.6077248
17. Wolfe, R. (1980). Putative threat to national security as a Nuremberg defense for genocide. *The Annals of the American Academy of Political and Social Science*, 450 (1), 46–67.
18. Rheault, D. (2011). Solving the "Indian problem": Assimilation laws, practices & Indian residential schools. *Ontario Metis Family Records Center*.
19. Wrangham, R. W., & Peterson, D. (1996). *Demonic males: Apes and the origins of human violence*. Houghton Mifflin Harcourt.『男の凶暴性はどこからきたか』山下篤子（訳）、三田出版会、1998年。
20. Hrdy, S. B. (2011). *Mothers and others*. Harvard University Press.
21. Associated Press. (1968, February 8). Major describes moves. Associated Press.
22. Hrdy, S. B. (2011). *Mothers and others*. Harvard University Press.
23. Young, L. C., Zaun, B. J., & VanderWerf, E. A. (2008). Successful same-sex pairing in Laysan albatross. *Biology Letters*, 4 (4), 323–325.
24. Resko, J. A., et al. (1996). Endocrine correlates of partner preference behavior in rams. *Biology of Reproduction*, 55 (1), 120–126.
25. Leupp, Gary P. *Male colors*. University of California Press, 1995.『男色の日本史――なぜ世界有数の同性愛文化が栄えたのか』藤田真利子（訳）、作品社、2014年。
26. economist.com/open-future/2018/06/06/how-homosexuality-became-a-crime-in-the-middle-east
27. Glassgold, J. M., et al. (2009). Report of the American Psychological Association Task Force on appropriate therapeutic responses to sexual orientation. *American Psychological Association*.
28. Flores, A. R., Langton, L., Meyer, I. H., & Romero, A. P. (2020). Victimization rates and traits of sexual and gender minorities in the United States: Results from the National Crime Victimization Survey, 2017. *Science Advances*, 6 (40), eaba6910.
29. 以下から抜粋し翻訳：wciom.ru/analytical-reviews/analiticheskii-obzor/teoriya-zagovora-protiv-rossii-
30. nbcnews.com/feature/nbc-out/1-5-russians-want-gays-lesbians-eliminated-survey-finds-n1191851
31. Graham, R., et al. (2011). The health of lesbian, gay, bisexual, and transgender people: Building a foundation for better understanding. Washington, DC: Institute of Medicine.
32. Gates, G. J. (2011). How many people are lesbian, gay, bisexual and transgender? The Williams Institute.

筑摩書房、1993 年ほか。以下の一節の翻訳："Wir halten die Tiere nicht für moralische Wesen. Aber meint ihr denn, daß die Tiere uns für moralische Wesen halten? — Ein Tier, welches reden konnte, sagte: »Menschlichkeit ist ein Vorurteil, an dem wenigstens wir Tiere nicht leiden."

2. 堺事件についての記述は以下を参照：Bargen, D. G. (2006). *Suicidal honor: General Nogi and the writings of Mori Ogai and Natsume Soseki*. University of Hawaii Press.
3. De Waal, F. (2013) *The bonobo and the atheist: In search of humanism among the primates*. W. W. Norton.『道徳性の起源——ボノボが教えてくれること』柴田裕之（訳）、紀伊國屋書店、2014 年。
4. この行動に関する記述は以下で詳述されている：de Waal, F. B. M., & R. Ren (1988). Comparison of the reconciliation behavior of stumptail and rhesus macaques. *Ethology*, 78: 129–142.
5. 僕がこの定義に初めて触れたのは、アンドリュースとウェストラが組織し 2021 年 6 月に開催されたオンライン学会 Normative Animals Online Conference でのウェストラの発表でのことだった。アンドリュースとウェストラによる刊行準備中の論文 "A New Framework for the Psychology of Norms" にも掲載される予定。
6. 一部の哲学者や動物行動学者は、高次の感情または情動を介して行動規範を実践する動物に対しても「道徳」という言葉を用いる。認知動物行動学者のマーク・ベコフと哲学者のジェシカ・ピアースは著書 *Wild Justice* において、利他行動、寛容、許し、公平性は動物が行動規範の指針とする感情であり、このような規範は道徳と呼ぶにふさわしい複雑さを備えていると論じた。Bekoff, M., & Pierce, J. (2009). *Wild justice: The moral lives of animals*. University of Chicago Press. また、哲学者のマーク・ローランズは著書 *Can Animals Be Moral* のなかで、「道徳的情動に基づいて行動できるという意味で、動物は道徳的に行動できる」とした。彼がいう道徳的情動には、ブロスナンとドゥ・ヴァールが示したオマキザルがもつ公平感のほか、「共感、思いやり、親切、寛容、忍耐に加え、これらと相対する負の情動である怒り、憤り、恨み、悪意など」が含まれる。Rowlands, M. (2015). *Can animals be moral?* Oxford University Press.
7. Hsu, M., Anen, C., & Quartz, S. R. (2008). The right and the good: distributive justice and neural encoding of equity and efficiency. *Science*, 320 (5879), 1092–1095.
8. Reingberg, S. (2008). Fairness is a hard-wired emotion. ABC News. abcnews.go.com/Health/Healthday/story?id=4817130&page=1
9. De Waal, F. (2013). The bonobo and the atheist: In search of humanism among the primates. W. W. Norton.『道徳性の起源——ボノボが教えてくれること』柴田裕之（訳）、紀伊國屋書店、2014 年。
10. Old Testament (Leviticus 11:27). 旧約聖書レビ記 11 章 27 節
11. Tomasello, M. (2016). *A natural history of human morality*. Harvard University Press.『道徳の自然誌』中尾央（訳）、勁草書房、2020 年。
12. Boesch, C. (2005). Joint cooperative hunting among wild chimpanzees: Taking natural observations seriously. *Behavioral and Brain Sciences*, 28 (5), 692–693.
13. Truth and Reconciliation Commission of Canada. (2015). *Honouring the truth, reconciling for the future: Summary of the final report of the Truth and Reconciliation*

アン言語センターのマリアンナ・ディ・パオロに感謝する。彼女はショショーニ語でのこの鳥の名前を確認し、「トゥーコッツィという単語はショショーニ族の土地で広く使われており、その起源はおそらく1000年以上昔にさかのぼる」とコメントをくれた。
18. Ogden, L. (2016, November 11). Better know a bird: The Clark's nutcracker and its obsessive seed hoarding. *Audubon*. audubon.org/news/better-know-bird-clarks-nutcracker- and-its-obsessive-seed-hoarding
19. Hutchins, H. E., & Lanner, R. M. (1982). The central role of Clark's nutcracker in the dispersal and establishment of white-bark pine. *Oecologia*, 55 (2), 192–201.
20. Balda, R. P., & Kamil, A. C. (1992). Long-term spatial memory in Clark's nutcracker, *Nucifraga columbiana*. *Animal Behaviour*, 44 (4), 761–769.
21. Suddendorf, T., & Redshaw, J. (2017). Anticipation of future events. *Encyclopedia of Animal Cognition and Behavior*, 1–9.
22. McCambridge F. (n.d.). This is why chimpanzees throw their poop at us. The Jane Goodall Institute of Canada. janegoodall.ca/our-stories/why-chimpanzees-throw-poop-at-us/
23. Osvath, M. (2009). Spontaneous planning for future stone throwing by a male chimpanzee. *Current Biology*, 19 (5), R190–R191.
24. Osvath, M., & Karvonen, E. (2012). Spontaneous innovation for future deception in a male chimpanzee. *PloS One*, 7 (5), e36782.
25. Osvath, M. (2010). Great ape foresight is looking great. *Animal Cognition*, 13 (5), 777–781.
26. Biotechnology and Biological Sciences Research Council. (2007, February 26). Birds found to plan for the future. *ScienceDaily*. sciencedaily.com/releases/2007/02/070222160144.htm
27. Raby, C. R., Alexis, D. M., Dickinson, A., & Clayton, N. S. (2007). Planning for the future by western scrub-jays. *Nature*, 445 (7130), 919–921.
28. Anderson, J. R., Biro, D., & Pettitt, P. (2018). Evolutionary thanatology. *Philosophical Transactions of the Royal Society B: Biological Sciences*, 373 (1754): 20170262.
29. Anderson, J. R. (2018). Chimpanzees and death. *Philosophical Transactions of the Royal Society B: Biological Sciences*, 373 (1754), 20170257.
30. Varki, A., & Brower, D. (2013). *Denial: Self-deception, false beliefs, and the origins of the human mind*. Hachette UK.
31. Varki, A. (2009). Human uniqueness and the denial of death. *Nature*, 460 (7256), 684.
32. Becker, E. (1997). *The denial of death*. Simon and Schuster.『死の拒絶』今防人(訳)、平凡社、1989年。
33. Depression. (2021, 13 September). The World Health Organization. who.int/news-room/fact-sheets/detail/depression

## 第4章

1. Nietzsche, F. W. (1881). Morgenröthe.『ニーチェ全集〈7〉曙光』茅野良男(訳)、

2. Selk, A. (August 12, 2018). Update: Orca abandons body of her dead calf after a heartbreaking, weeks-long journey. *The Washington Post*. washingtonpost.com/news/animalia/wp/2018/08/10/the-stunning-devastating-weeks-long-journey-of-an-orca-and-her-dead-calf/
3. Orcas now taking turns floating dead calf in apparent mourning ritual. (2018, July 31). CBC Radio. cbc.ca/radio/asithappens/as-it-happens- tuesday-edition-1.4768344/orcas- now-appear-to-be-taking-turns-floating-dead-calf-in-apparent-mourning-ritual-1.4768349
4. Mapes, L. W. (2018, August 8). "I am sobbing": Mother orca still carrying her dead calf — 16 days later. *The Seattle Times*. seattletimes.com/seattle-news/environment/i-am-sobbing-mother-orca-still-carrying-her-dead-calf-16-days-later/
5. Howard, J. (2018, August 14). The "grieving" orca mother? Projecting emotions on animals is a sad mistake. *The Guardian*. theguardian.com/commentisfree/2018/aug/14/grieving-orca-mother-emotions-animals-mistake
6. Darwin, C. (1871). *The descent of man*. London, UK: John Murray.『人間の由来』長谷川眞理子（訳）、講談社、2016 年ほか。
7. King, B. J. (2013). *How animals grieve*. University of Chicago Press.『死を悼む動物たち』秋山勝（訳）、草思社、2018 年。
8. Gonçalves, A., & Biro, D. (2018). Comparative thanatology, an integrative approach: exploring sensory/cognitive aspects of death recognition in vertebrates and invertebrates. *Philosophical Transactions of the Royal Society B: Biological Sciences*, 373 (1754), 20170263.
9. Mayer, P. (2013, May 27). Questions for Barbara J. King, author of "How animals grieve." NPR. npr.org/2013/05/27/185815445/questions-for-barbara-j-king-author-of-how-animals-grieve
10. Monsó, S., & Osuna-Mascaró, A. J. (2021). Death is common, so is understanding it: The concept of death in other species. *Synthese*, 199, 2251–2275.
11. Monsó, S., & Osuna-Mascaró, A. J. (2021). Death is common, so is understanding it: the concept of death in other species. *Synthese*, 199, 2251–2275.
12. Nicholsen, S. W. (1997). *Untimely Meditations*, trans. R. J. Hollingdale.
13. de Winter, N. J., et al. (2020). Subdaily-scale chemical variability in a *Torreites sanchezi* rudist shell: Implications for rudist paleobiology and the Cretaceous day-night cycle. *Paleoceanography and Paleoclimatology*, 35 (2), e2019PA003723.
14. 睡眠について詳しくは以下の本がすぐれている：Walker, M. (2017). *Why we sleep: Unlocking the power of sleep and dreams*. Simon and Schuster.『睡眠こそ最強の解決策である』桜田直美（訳）、SB クリエイティブ、2018 年。
15. Suddendorf, T., & Corballis, M. C. (2007). The evolution of foresight: What is mental time travel, and is it unique to humans? *Behavioral and brain sciences*, 30 (3), 299–313.
16. 定義は以下に提示されたものを採用した：Hudson, J. A., Mayhew, E. M., & Prabhakar, J. (2011). The development of episodic foresight: Emerging concepts and methods. *Advances in Child Development and Behavior*, 40, 95–137.
17. WRMC ショショーニ言語プロジェクト責任者およびユタ大学アメリカインディ

14747049211000317.
32.「真実っぽさ（truthiness）」は、スティーブン・コルベアが 2005 年に *The Colbert Report* で披露したことで世界的に有名になり、のちに Merriam-Webster Dictionary が 2006 年の単語として選出した。ここでの定義は Oxford Dictionaries による。
33. Turpin, M. H., et al. (2021). Bullshit ability as an honest signal of intelligence. *Evolutionary Psychology*, 19 (2), 14747049211000317.
34. Templer, K. J. (2018). Dark personality, job performance ratings, and the role of political skill: An indication of why toxic people may get ahead at work. *Personality and Individual Differences*, 124, 209–214.
35. Templer, K. (2018). Why do toxic people get promoted? For the same reason humble people do: Political skill. *Harvard Business Review*, 10
36. cnn.com/2017/10/17/politics/russian-oligarch-putin-chef-troll-factory/index.html
37. Rosenblum, N. L., & Muirhead, R. (2020). *A lot of people are saying: The new conspiracism and the assault on democracy*. Princeton University Press.
38. Department of Justice. (2018). 大陪審はロシア国籍者 13 人とロシア企業 3 社を米国政治制度への介入を企図した疑いで起訴した。
39. Broniatowski, D. A., et al. (2018). Weaponized health communication: Twitter bots and Russian trolls amplify the vaccine debate. *American Journal of Public Health*, 108 (10), 1378–1384.
40. Reinhart, R. (2020, January 14). Fewer in US continue to see vaccines as important. *Gallup*.
41. callingbullshit.org/syllabus.html
42. Bergstrom, C. T., & West, J. D. (2020). *Calling bullshit: The art of skepticism in a data-driven world*. Random House.『デタラメ――データ社会の嘘を見抜く』小川敏子（訳）、日経 BP、2021 年。
43. Henley, J. (2020, January 29). How Finland starts its fight against fake news in primary schools. *The Guardian*. theguardian.com/world/2020/jan/28/fact-from-fiction-finlands-new-lessons-in-combating-fake-news
44. Lessenski, M. (2019). Just think about it. Findings of the Media Literacy Index 2019. Open Society Institute Sophia. osis.bg/?p=3356&lang=en
45. デタラメを見抜く便利な方法としては、カール・セーガンの 1995 年の著書 *The Demon-Haunted World*［『悪霊にさいなまれる世界――「知の闇を照らす灯火」としての科学』青木薫（訳）、早川書房、2009 年］の一章「“トンデモ話”を見破る技術」、および社会心理学者ジョン・ペトロチェリの著書 *The Life-Changing Science of Detecting Bullshit* がおすすめだ。

## 第 3 章

1. Nietzsche, F. W. (1887). *Die fröhliche Wissenschaft: ("La gaya scienza")*. E. W. Fritzsch.『喜ばしき知恵』村井則夫（訳）、河出書房新社、2012 年ほか。以下の一節の翻訳：“Wie seltsam, daß diese einzige Sicherheit und Gemeinsamkeit fast gar nichts über die Menschen vermag und daß sie am weitesten davon entfernt sind, sich als die Brüderschaft des Todes zu fühlen!”

*Behavioral and brain sciences*, 11 (2), 233–244.

15. Brown, C., Garwood, M. P., & Williamson, J. E. (2012). It pays to cheat: tactical deception in a cephalopod social signalling system. *Biology letters*, 8 (5), 729–732.
16. Heberlein, M. T., Manser, M. B., & Turner, D. C. (2017). Deceptive-like behaviour in dogs (*Canis familiaris*). *Animal Cognition*, 20 (3), 511–520.
17. 「心の理論」は、1978年にデイヴィッド・プレマックとガイ・ウッドラフが考案した言葉だ：Premack, D., & Woodruff, G. (1978). Does the chimpanzee have a theory of mind? *Behavioral and Brain Sciences*, 1 (4), 515–526
18. Krupenye, C., & Call, J. (2019). Theory of mind in animals: Current and future directions. *Wiley Interdisciplinary Reviews: Cognitive Science*, 10 (6), e1503.
19. Krupenye, C., et al. (2016). Great apes anticipate that other individuals will act according to false beliefs. *Science*, 354 (6308), 110–114.
20. Oesch, N. (2016). Deception as a derived function of language. *Frontiers in Psychology*, 7, 1485.
21. ここで引用したレオ・コレッツの逸話は、すばらしく詳細にリサーチされた以下の本で読むことができる：*Empire of Deception* by Dean Jobb (Harper Avenue, 2015).
22. Levine, T. R. (2019). *Duped: Truth-default theory and the social science of lying and deception*. University of Alabama Press.
23. Serota, K. B., Levine, T. R., & Boster, F. J. (2010). The prevalence of lying in America: Three studies of self-reported lies. *Human Communication Research*, 36 (1), 2–25.
24. Curtis, D. A., & Hart, C. L. (2020). Pathological lying: Theoretical and empirical support for a diagnostic entity. *Psychiatric Research and Clinical Practice*, appi-prcp.
25. Paige, L. E., Fields, E. C., & Gutchess, A. (2019). Influence of age on the effects of lying on memory. *Brain and Cognition*, 133, 42–53.
26. これは容疑者の尋問法として実際に利用されている。以下を参照：Walczyk, J. J., Igou, F. D., Dixon, L. P., & Tcholakian, T. (2013). Advancing lie detection by inducing cognitive load on liars: a review of relevant theories and techniques guided by lessons from polygraph-based approaches. *Frontiers in Psychology*, 4, 14.
27. Chandler, M., Fritz, A. S., & Hala, S. (1989). Small-scale deceit: Deception as a marker of two-, three-, and four-year-olds' early theories of mind. *Child Development*, 60 (6), 1263–1277.
28. Talwar, V., & Lee, K. (2008). Social and cognitive correlates of children's lying behavior. *Child Development*, 79 (4), 866–881.
29. Jensen, L. A., Arnett, J. J., Feldman, S. S., & Cauffman, E. (2004). The right to do wrong: Lying to parents among adolescents and emerging adults. *Journal of Youth and Adolescence*, 33 (2), 101–112.
30. Knox, D., Schacht, C., Holt, J., & Turner, J. (1993). Sexual lies among university students. *College Student Journal*, 27 (2), 269–272.
31. 以下の定義を参照：Petrocelli, J. V. (2018). Antecedents of bullshitting. *Journal of Experimental Social Psychology*, 76, 249–258; Turpin, M. H., et al. (2021). Bullshit Ability as an Honest Signal of Intelligence. *Evolutionary Psychology*, 19 (2),

## 第2章

1. Nietzsche, F. W. (2015). *Über Wahrheit und Lüge im außermoralischen Sinn: ("Was bedeutet das alles?")*. Reclam Verlag. 以下の一節の翻訳："Was ist also Wahrheit? Ein bewegliches Heer von Metaphern, Metonymien, Anthropomorphismen, kurz eine Summe von menschlichen Relationen, die, poetisch und rhetorisch gesteigert, übertragen, geschmückt wurden und die nach langem Gebrauch einem Volke fest, kanonisch und verbindlich dünken: die Wahrheiten sind Illusionen, von denen man vergessen hat, daß sie welche sind."
2. Bogus Lancashire vet jailed after botched castration. (2010, January 11). BBC News. news.bbc.co.uk/2/hi/uk_news/england/merseyside/8453020.stm
3. Tozer, J, & Hull, L. (2010, January 12). Bogus doctor and vet who conned patients out of more than £50,000 jailed for 2 years. *The Daily Mail*. dailymail.co.uk/news/article-1242375/Bogus-doctor- conned-patients-50-000-pay- child-maintenance-jailed.html
4. The man who exposed bogus GP Russell Oakes speaks. (2010, January 12). *Liverpool Echo*. liverpoolecho.co.uk/news/liverpool-news/man-who-exposed-bogus-gp-3433329
5. Equine osteopath used forged degree to register as a vet. (2008, March 20). *Horse & Hound*. horseandhound.co.uk/news/equine-osteopath-used-forged-degree-to-register-as-a-vet-199362
6. The man who exposed bogus GP Russell Oakes speaks. (2010, January 12). *Liverpool Echo*. liverpoolecho.co.uk/news/liverpool-news/man-who-exposed-bogus-gp-3433329
7. Bogus Lancashire vet jailed after botched castration. (2010, January 11). BBC News. http://news.bbc.co.uk/2/hi/uk_news/england/merseyside/8453020.stm
8. How bogus GP Russell Oakes made others in Merseyside believe his lies. (2010, January 12). *Liverpool Echo*. liverpoolecho.co.uk/news/liverpool-news/how-bogus-gp-russell-oakes-3433327
9. Fraudulent vet: The bigger picture (2010, June) RCVS News. The Newsletter of the Royal College of Veterinary Surgeons.
10. Souchet, J., & Aubret, F. (2016). Revisiting the fear of snakes in children: the role of aposematic signalling. *Scientific reports*, 6 (1), 1–7.
11. Merriam-Webster. (n.d.). Aichmophobia. In Merriam-Webster.com dictionary. merriam-webster.com/dictionary/aichmophobia
12. Nietzsche, F. W. (1994). *Nietzsche: "On the genealogy of morality" and other writings*. Cambridge University Press.『道徳の系譜学』中山元（訳)、光文社、2009年ほか。
13. Gallup, G. G. (1973). Tonic immobility in chickens: Is a stimulus that signals shock more aversive than the receipt of shock? *Animal Learning & Behavior*, 1 (3), 228–232.
14. 以下を参照：Byrne, R. W., & Whiten, A. (1985). Tactical deception of familiar individuals in baboons (*Papio ursinus*). *Animal Behaviour*, 33 (2), 669–673. 加えて以下も参照：Whiten, A., & Byrne, R. W. (1988). Tactical deception in primates.

23. Taylor, A. H., et al. (2010). An investigation into the cognition behind spontaneous string pulling in New Caledonian crows. *PloS one*, 5 (2), e9345.
24. Völter, C. J., & Call, J. (2017). Causal and inferential reasoning in animals. In G. M Burghardt, I. M. Pepperberg, C. T. Snowdon, & T. Zentall (Eds). *APA handbook of comparative psychology Vol. 2: Perception, learning, and cognition*. American Psychological Association, 643–671.
25. Owuor, B. O., & Kisangau, D. P. (2006). Kenyan medicinal plants used as antivenin: a comparison of plant usage. *Journal of Ethnobiology and Ethnomedicine*, 2 (1), 7.
26. Luft, D. (2020). Medieval Welsh medical texts. Volume one: the recipes. University of Wales Press, 96 (Welsh text on 97).
27. Harrison, F., et al.. (2015). A 1,000-year-old antimicrobial remedy with antistaphylococcal activity. MBio, 6 (4).
28. Mann, W. N. (1983). G. E. R. Lloyd (ed.). Hippocratic writings. Translated by J. Chadwick. Penguin, 262.
29. この作用機序は明確に説明されていない。イブン・スィーナーら四体液説の専門家の解釈では、ヘビの毒は熱いとされた。ニワトリの尻もイブン・スィーナーによれば熱く、これは尻から糞が排泄されるため（糞はすべて熱いとみなされた）かもしれない。つまり、便秘中のニワトリの尻は、どちらも熱いという共通点のおかげで、ヘビの毒を吸い寄せるのだろうか？　こういったことの専門家である僕の妻いわく、中世研究者に絡まれたくないなら憶測はやめたほうがいいらしい。このテーマについては以下の記事で詳しく論じられている：Walker-Meikle, K. (2014). Toxicology and treatment: medical authorities and snake-bite in the middle ages. *Korot*, 22: 85–104.
30. Collier, R. (2009). Legumes, lemons and streptomycin: A short history of the clinical trial. *Canadian Medical Association Journal*, 180 (1): 23–24.
31. Schloegl, C., & Fischer, J. (2017). Causal reasoning in nonhuman animals. *The Oxford Handbook of Causal Reasoning*, 699–715.
32. Huffman, M. A. (1997). Current evidence for self-medication in primates: A multidisciplinary perspective. *American Journal of Physical Anthropology: The Official Publication of the American Association of Physical Anthropologists*, 104 (S25), 171–200.
33. pnas.org/content/111/49/17339
34. Levenson, R. M., Krupinski, E. A., Navarro, V. M., & Wasserman, E. A. (2015). Pigeons (*Columba livia*) as trainable observers of pathology and radiology breast cancer images. *PloS one*, 10 (11), e0141357.
35. Morton, S. G., & Combe, G. (1839). *Crania Americana; or, a comparative view of the skulls of various aboriginal nations of North and South America: to which is prefixed an essay on the varieties of the human species.* Philadelphia: J. Dobson; London: Simpkin, Marshall.
36. Cotton-Barratt, O., et al. (2016). Global catastrophic risks. A report of the Global Challenges Foundation/Global Priorities Project.

shorts-citron-andrew-left-gme-2021-1-1029994276
5. King, M. (2013, January 13). Investments: Orlando is the cat's whiskers of stock picking. *The Guardian*. theguardian.com/money/2013/jan/13/investments-stock-picking
6. Video game Michael Pachter analyst weighs in on GameStop's earnings call. (2021, March 26) CNBC. youtube.com/watch?v=fOJV_qaJ2ew
7. McBrearty, S., & Jablonski, N. G. (2005). First fossil chimpanzee. *Nature*, 437 (7055), 105–108.
8. Karmin, M., et al. (2015). A recent bottleneck of Y chromosome diversity coincides with a global change in culture. *Genome Research*, 25 (4), 459–466.
9. ヒトの脳の形態（サイズではなく）が現在の状態になったのは 10 万〜3 万 5000 年前だが、バリンゴの親戚たちは認知能力の面では現代人ときわめてよく似ていたと考えられる。以下を参照：Neubauer, S., Hublin, J. J., & Gunz, P. (2018). The evolution of modern human brain shape. *Science Advances*, 4 (1), eaao5961.
10. Zihlman, A. L., & Bolter, D. R. (2015). Body composition in *Pan paniscus* compared with Homo sapiens has implications for changes during human evolution. *Proceedings of the National Academy of Sciences*, 112 (24), 7466–7471.
11. bbc.com/earth/story/20160204-why-do-humans-have-chins
12. Brown, K. S., et al. (2009). Fire as an engineering tool of early modern humans. *Science*, 325 (5942), 859–862.
13. Aubert, M., et al. (2019). Earliest hunting scene in prehistoric art. *Nature*, 576 (7787), 442–445.
14. Culotta, Elizabeth. (2009). On the origin of religion. *Science*, 326 (5954). 784–787. 10.1126/science.326_784
15. Snir, A., et al. (2015).The Origin of Cultivation and ProtoWeeds, Long Before Neolithic Farming. *PLOS ONE*, 10 (7): e0131422 DOI: 10.1371/journal.pone.0131422
16. *Burrowing bettong*. (n.d.). Australian Wildlife Conservancy. australianwildlife.org/wildlife/burrowing-bettong/
17. Tay, N. E., Fleming, P. A., Warburton, N. M., & Moseby, K. E. (2021). Predator exposure enhances the escape behaviour of a small marsupial, the burrowing bettong. *Animal Behaviour,* 175, 45–56.
18. Visalberghi, E., & Tomasello, M. (1998). Primate causal understanding in the physical and psychological domains. *Behavioural Processes*, 42 (2-3), 189–203.
19. Suddendorf, T. (2013). *The gap: The science of what separates us from other animals.* Constellation.『現実を生きるサル　空想を語るヒト――人間と動物をへだてる、たった 2 つの違い』寺町朋子（訳）、白揚社、2014 年。
20. Millikan, R. (2006). Styles of rationality. In S. Hurley & M. Nudds (Eds.). *Rational animals?*, 117–126.
21. Jacobs, I. F., & Osvath, M. (2015). The string-pulling paradigm in comparative psychology. *Journal of Comparative Psychology*, 129 (2), 89.
22. Heinrich, B. (1995). An experimental investigation of insight in common ravens (*Corvus corax*). *The Auk*, 112 (4), 994–1003.

*Geschichtswissenschaft*, 6, 485–496.
18. Ellison, K. (1998, September 10). Racial purity dies in the jungle vision: Founders saw their Paraguayan settlement as a place that would spawn a race of Aryan supermen. But they didn't take into account disease, heat and inbreeding. *The Baltimore Sun*. Retrieved from baltimoresun.com/news/bs-xpm-1998-09-10-1998253112-story.html
19. Leiter, B. (2015, December 21). Nietzsche's Hatred of "Jew Hatred." Review of *Nietzsche's Jewish problem: Between anti-Semitism and anti-Judaism* by Robert C. Holub. *The New Rambler*.
20. Nietzsche, F. W. (1901). *Der wille zur macht: versuch einer umwerthung aller werthe (studien und fragmente)*. Vol. 15. CG Naumann.『ニーチェ全集〈12〉権力への意思（上）』原佑（訳）、筑摩書房、1993 年ほか。
21. Macintyre, B. (2013). *Forgotten fatherland: The search for Elisabeth Nietzsche*. A&C Black.『エリーザベト・ニーチェ――ニーチェをナチに売り渡した女』藤川芳朗（訳）、白水社、2011 年。
22. Santaniello, W. (2012). *Nietzsche, God, and the Jews: His critique of Judeo-Christianity in relation to the Nazi myth*. SUNY Press.
23. Golomb, J., & Wistrich, R. S. (Eds.). (2009). *Nietzsche, godfather of fascism?: On the uses and abuses of a philosophy*. Princeton University Press.
24. Southwell, G. (2009). *A beginner's guide to Nietzsche's Beyond Good and Evil*. John Wiley & Sons.
25. Nietzsche, F. W. (2018). *The twilight of the idols*. Jovian Press.『ニーチェ全集〈14〉偶像の黄昏／反キリスト者』原佑（訳）、筑摩書房、1994 年ほか。
26. 僕の隣人でニーチェ研究者のダン・アハーンは、ニーチェを「親切で穏やかで礼儀正しい人物で、誰もが想像するような人間嫌いではなかった」と評している。
27. United States Holocaust Memorial and Museum. (2019, February 4). Documenting numbers of victims of the Holocaust and Nazi persecution

## 第 1 章

1. Nietzsche, F. W. (1887). Die fröhliche Wissenschaft: ("La gaya scienza"). E. W. Fritzsch.『喜ばしき知恵』村井則夫（訳）、河出書房新社、2012 年ほか。以下の一節の翻訳："Der Mensch ist allmählich zu einem phantastischen Tiere geworden, welches eine Existenz-Bedingung mehr als jedes andre Tier zu erfüllen hat: der Mensch muß von Zeit zu Zeit glauben, zu wissen, warum er existiert.
2. マイクの人物描写についてはデイヴィッド・ヒルによる以下の記事を参照：Hill, D. (2021, February 16). The beach bum who beat Wall Street and made millions on GameStop. The Ringer. theringer.com/2021/2/16/22284786/gamestop-stock-wall-street-short-squeeze-beach-volleyball-referee
3. Gilbert, B. (2020, January 23). The world's biggest video game retailer, GameStop, is dying: Here's what led to the retail giant's slow demise. *Business Insider*. businessinsider.com/gamestop-worlds-biggest-video- game-retailer- decline-explained-2019-7
4. markets.businessinsider.com/news/stocks/gamestop-stock-price-retail-traders-

# 原注

## 序章


1. Nietzsche, F. W. (1964). *Thoughts out of season, part II* (see "Schopenhauer as Educator"). Trans. A. Collins. Russell and Russell.『ニーチェ全集〈4〉反時代的考察』小倉志祥（訳）、筑摩書房、1993 年ほか。
2.「あらゆる時代の偉大な思想家はみな動物を哀れんできた。動物には苦痛の針を自身に突き立てる力も、また自身の存在を形而上学的に認識する力もないためである」Nietzsche, F. W. (2011). *Thoughts out of season, part II*. Project Gutenberg.（訳者による私訳）
3. Nicholsen, S. W. (1997). *Untimely meditations*, trans. R. J. Hollingdale.
4. Hemelsoet, D., Hemelsoet, K., & Devreese, D. (2008). The neurological illness of Friedrich Nietzsche. *Acta neurologica belgica*, 108 (1), 9.
5. *Ecce Homo*, *Twilight of the Idols*, and *The Antichrist*.［日本語訳は『ニーチェ全集〈15〉この人を見よ／自伝集』川原栄峰（訳）、筑摩書房、1994 年、『ニーチェ全集〈14〉偶像の黄昏／反キリスト者』原佑（訳）、筑摩書房、1994 年ほか］
6. Young, J. (2010). *Friedrich Nietzsche: A philosophical biography.* Cambridge University Press, 531.
7. Diethe, C. (2003). *Nietzsche's sister and the will to power: A biography of Elisabeth Förster-Nietzsche* (Vol. 22). University of Illinois Press.
8. トリノの馬の逸話は創作である可能性も指摘されている。
9. Hemelsoet, D., Hemelsoet, K., & Devreese, D. (2008). The neurological illness of Friedrich Nietzsche. *Acta neurologica belgica*, 108 (1), 9.
10. Monett, D. and Lewis, C. W. P. (2018). Getting clarity by defining Artificial Intelligence — A Survey. In Muller, V. C., ed., *Philosophy and Theory of Artificial Intelligence* 2017, volume SAPERE 44. Springer. 212–214.
11. Wang, P. (2008). What do you mean by "AI"? In Wang, P., Goertzel, B., and Franklin, S., eds., *Artificial General Intelligence* 2008. Proceedings of the First AGI Conference, Frontiers in Artificial Intelligence and Applications, volume 171. IOS Press. 362–373.
12. Monett, D., Lewis, C. W., & Thórisson, K. R. (2020). Introduction to the JAGI Special Issue "On Defining Artificial Intelligence" — Commentaries and Author's Response. *Journal of Artificial General Intelligence*, 11 (2), 1–100.
13. Spearman, C. (1904). "General Intelligence," objectively determined and measured. *American Journal of Psychology*, 15 (2): 201–293. doi:10.2307/1412107
14. aip.org/history-programs/niels-bohr-library/oral-histories/30591-1
15. Lattman, P. (2007, September 27). The origins of Justice Stewart's "I know it when I see it." *Wall Street Journal*. LawBlog. Retrieved December 31, 2014.
16. Diethe, C. (2003). *Nietzsche's sister and the will to power: A biography of Elisabeth Förster-Nietzsche* (Vol. 22). University of Illinois Press.
17. Salmi, H. (1994). Die Sucht nach dem germanischen Ideal. Bernhard Förster (1843–1889) als Wegbereiter des Wagnerismus. *Zeitschrift für*

## す



## せ



## そ



## た



## ち

# 索　引

著者
ジャスティン・グレッグ（Justin Gregg）
ドルフィン・コミュニケーション・プロジェクトの上席研究員であり、聖フランシス・ザビエル大学の非常勤講師として、動物の行動学と認知学について教える。バーモント州出身で、日本とバハマで野生のイルカのエコーロケーション能力を研究。現在はカナダのノバスコシア州の田舎町に住み、科学について執筆する傍ら、自宅近くに住むカラスの内面生活について考えている。

訳者
的場知之（まとば・ともゆき）
東京大学教養学部卒業。同大学院総合文化研究科修士課程修了、同博士課程中退。訳書に、ロソス『生命の歴史は繰り返すのか？――進化の偶然と必然のナゾに実験で挑む』、ピルチャー『Life Changing――ヒトが生命進化を加速する』（以上、化学同人）、クォメン『生命の〈系統樹〉はからみあう――ゲノムに刻まれたまったく新しい進化史』、ウィリンガム『動物のペニスから学ぶ人生の教訓』（以上、作品社）、スタンフォード『新しいチンパンジー学――わたしたちはいま「隣人」をどこまで知っているのか？』（青土社）、王・蘇（編）『進化心理学を学びたいあなたへ――パイオニアからのメッセージ』（共監訳、東京大学出版会）、マカロー『親切の人類史――ヒトはいかにして利他の心を獲得したか』（みすず書房）など。

もしニーチェがイッカクだったなら？
――動物の知能から考えた人間の愚かさ

2023年7月1日　第1刷発行
著者　ジャスティン・グレッグ
翻訳　的場知之
発行者　富澤凡子
発行所　柏書房株式会社
東京都文京区本郷2-15-13（〒113-0033）
電話（03）3830-1891［営業］
（03）3830-1894［編集］
装丁　柳川貴代
DTP　株式会社キャップス
印刷　萩原印刷株式会社
製本　株式会社ブックアート


ISBN978-4-7601-5528-6 C0040